JN056952

新装版

初めて学ぶ統計学

菅 民郎 著

現代数学社

はじめに

この本は、統計学を初めて勉強しようとされる方々を対象としています。

統計学の基礎的な知識は、職種や文系・理系の別を問わず、今やすべての人にとって必要であるといっても過言ではない時代です。

にもかかわらず、いざ勉強しようとしてみると、基礎からわかりやすく統計学を解説している書籍はまだ数少ないように思われます。

統計学のスタイルは分野によってはかなり異なる場合があり、更に統計学には数学的な要素が多く含まれていることもあいまって、初学者とくに文化系の学習者の理解を困難なものにしている傾向があります。

しかし大胆に言えば、統計学が根ざしている論理は、私たちが毎日無意識に行っている無数の情報処理が根ざしている論理とおなじところに帰着するものです。いうなればかなりにドメスティックなものです。

この本では、そうした日常的な感覚をできるだけ維持しつつ、平均値の計算からはじめて、基礎統計学の学習者にとってひとつの到達点というべき「統計的推定・検定」の理論までを解説することを目的としています。可能な限りやさしく、さらには楽しく読めるものになるように、いろいろな工夫をしてみました。とくに分かりづらいといわれる「標本統計量の分布」の理論は、パソコンによって実際にシミュレーションした結果を掲載し、できるだけビジュアルに理解できるよう配慮しました。

業務などで実際に統計学を必要とされる方には、専門分野の統計書籍をスムーズに読みこなすための準備として、この本をお読みいただきたいと思います。また業務に限らず、日常目にする統計数字を正しく理解するための一助としてお読みいただければ幸いです。

2020年1月

菅　民郎

目　次

目　次

V　統計的検定

統計学学習ソフト まなぶ について

この本の**実験**で使われているのは『**統計学学習ソフト** まなぶ』というパソコン用アプリケーションソフトです。

『まなぶ』は、統計学学習ソフトとしてはじめて**モンテカルロ法**を導入し、現実には不可能な「サンプルサイズ100の標本抽出1000回」といった実験をパソコンでシミュレーションすることによって、標本統計量の分布などの一見難解な理論をビジュアルに理解できるよう工夫しました。

『まなぶ』の機能は次の5つです。

①**解説**：この本の本文を、HELPファイルとしてまるごと搭載しています。②～⑤のオペレーションの途中で、「確かめたい」「わからない」ところにすぐアクセスできます。またHELPとして読み込むことにより、他のアプリケーションソフトを使用する際にも参照できます。

②**公式**：この本で用いた全ての公式（記号の定義を含む）を、一覧表にしました。解説と同じくHELPファイルのスタイルをとっているので、簡単に検索できます。

③**実験**：この本で行っている実験を、実際にやってみることができます。サンプルサイズ、抽出回数などを変化させて、標本統計量の分布がどのように変わるかを確かめます。

④**テスト**：この本と同じように、それぞれの単元ごとにテストがあります。ただし本のテストと違って、コンピュータが瞬時に採点し、成績の保存をしてくれます。繰り返し挑戦することによって、理解を完全なものにすることができます。

⑤**実務**：統計処理にコンピュータを使うのは今や常識、というわけで、コンピュータを使った統計解析を練習する機能を設けています。基本統計量の算出と統計的推定・検定の処理ができます。もちろん実際の業務を行うこともできます。

❖ソフトに関するお問い合せは下記宛お願いいたします。

問い合わせ先：株式会社エスミ

〒164-0012 東京都中野区本町4-44-18 中野Ｆビルディング8Ｆ

TEL：03-5385-7321　FAX：03-5385-8750

HP：http://www.esumi.co.jp/

I　統計学のスタート

1. 統計学とはなにか

情　報

私たちの身の回りには、様々な情報があふれています。好むと好まざるとに関わらず、私たちは無意識のうちに情報を選別・選択し、それをもとに物事を把握しながら生活しています。どんな些細な事柄であっても、情報なくして意思決定がなされるということは考えられません。このように、私たちは知らず知らずのうちに情報を収集し、それを活用することによって社会生活を成り立たせているといえるでしょう。

“情報なしでは生きていくのすら困難”といっても過言ではない現代という時代は、逆に、情報を巧みに活用できる人にとっては最高に面白く、刺激的な時代ということができるかもしれません。

とはいっても、形も種類も様々な情報をやみくもに集めただけでは、有効に活用することはままなりません。情報の活用にも一定のルール、つまり『情報の読み方・伝え方のきまり』があります。ルールを無視して情報を取り扱うことは何のメリットももたらさないばかりか、事と次第によっては自分や他人に大変な危険を及ぼすかもしれません。

統計学は、この情報を“正確に読み、間違いなく伝え、有効に活用する”ための手段、すなわち情報**のルール**といえます。

気楽にやるのが，統計学マスターのコツです．

Ⅰ　統計学のスタート

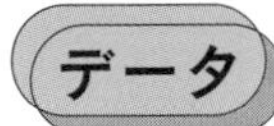

　では、統計学を用いれば、どんな種類の情報でも“正確に読み、間違いなく伝え、有効に活用する”ことができるのでしょうか。残念ながらそういうわけにはいきません。**統計学で扱うことのできる情報は、数値だけです。**

　ですから統計学を用いて情報を活用しようと思うなら、その情報が数値で表されているかどうか、そうでないなら数値に変換できるかどうかを考える必要があります。

　数値で表された情報を、**データ**といいます。
たとえば「身長が165 cm である」とか「数学の得点が65点である」というように、最初から数値で表されている情報は、そのまま統計学を用いて、統計的に処理することができます。

「血液型がA型である」、あるいは「性別は女性である」といった情報は、数値で表されていないので、そのままでは統計的に処理することはできません。

　そこで、あらかじめ「A型」あるいは「女性」に対応する数値を決めておき、情報を変換して統計的に処理できるかたちにします。この変換によって、原理的にはあらゆる情報を統計的に取り扱うことが可能となります。

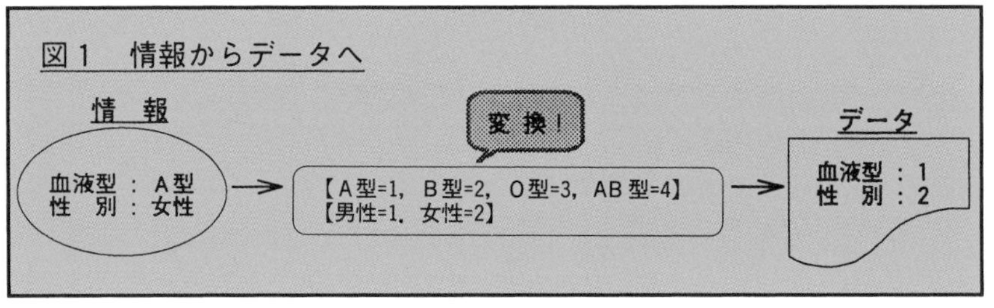

1．統計学とはなにか

ここにＡさんという人がいたとします。Ａさんについて様々な情報を収集し、身長が165 cm であるとか、血液型はＡ型であるとか、数学の得点は65点だったとか、性別は女性であるとか、その他諸々のことがわかりました。

血液型、性別の情報は**図１**の要領で数値に変換し、「血液型：１」「性別：２」としました。

Ａさんの情報を統計的に処理できるでしょうか。

統計学は、一定の条件にもとづいて集められた「情報のまとまり」を扱うものです。ですから、あらゆる情報を扱うことができるといっても、このような「特定の個人ひとりだけの情報」は統計学の関知するところではありません。

たとえば「Ａ、Ｂ、…、Ｊ」という10人の人たちについて「身長」「血液型」……etc.といった情報を収集し、“10人の身長の平均は何 cm か”“血液型がＡ型の人の割合は、どのくらいか”といったことを問題にするとき、はじめて統計学は意味を持ちます。情報の主体である「Ａ、Ｂ、…、Ｊ」といった複数の人(あるいは物)の集まりを、**集団**といいます。また、集団を構成する個々の情報の主体(人あるいは物)を、**個体**といいます。

Ⅰ　統計学のスタート

変　動

100人の血圧を測定したデータがあるとします。このとき、100人の血圧がすべて同じ値になることは、まず滅多にありません。100人のなかには血圧が高い人もいれば低い人もいるからです。このような個々のデータの差異を、**変動**といいます。

では、この変動は、何によって生じるのでしょうか。

ちょっと考えただけでも、年齢、測定時の心理状態や健康状態、測定する人の読みとりの誤差など、さまざまな要因をあげることができます。しかし、“どの要因が最も強く血圧に影響しているのか”あるいは“年齢と血圧はどの程度関連しているのか”といった問題が生じた場合、ただ考えてみただけで納得のゆく結論を得ることはできません。

統計学は、このような問題を明らかにするための有効な手段です。

集団のデータは必ずといってよいほど変動し、しかもその変動のようすや原因を明らかにすることは、往々にして非常に重要な問題となります。

とくに、実験や調査などのデータには変動がつきもので、これらのデータを解析するときには、統計学は欠かすことのできないものといえます。

まとめ

統計学は、集団に関する情報(＝データとその変動)をもとに、集団の特徴・傾向を明らかにする方法【技術学】といえます。

2. 記述統計学と推測統計学

統計学は、大きく2種類に分けることができます。一つは記述統計学、もう一つは推測統計学です。

児童数1,000人のK小学校で、お年玉の調査を行いました。

1,000人の児童全員にお年玉の金額をきき、その結果をもとに、K校のお年玉の平均金額、金額の分布（ばらつき）などを調べ、全国平均や他校との比較も行いました。（これを**全数調査**といいます。）

このように、集団に属するすべての個体（ここでは児童）のデータを収集し、集団の特徴や傾向を明らかにする手法を、**記述統計学**といいます。

同じく児童数1,000人のL小学校でも、お年玉の調査を行いました。

ところが、L校では調査結果を早く出す必要があったため、200人だけにお年玉の金額をきき、データを収集しました。（これを**標本調査**といいます。）200人のデータから平均金額、金額の分布（ばらつき）を調べ、その結果から全校1,000人のお年玉の平均金額、および金額の分布（ばらつき）を**推測**しようというわけです。

このように、集団の一部のデータから集団全体の特徴や傾向を明らかにする手法を、**推測統計学**といいます。

記述統計学も推測統計学も、「**集団全体の特徴や傾向を把握する**」という目的は同じです。

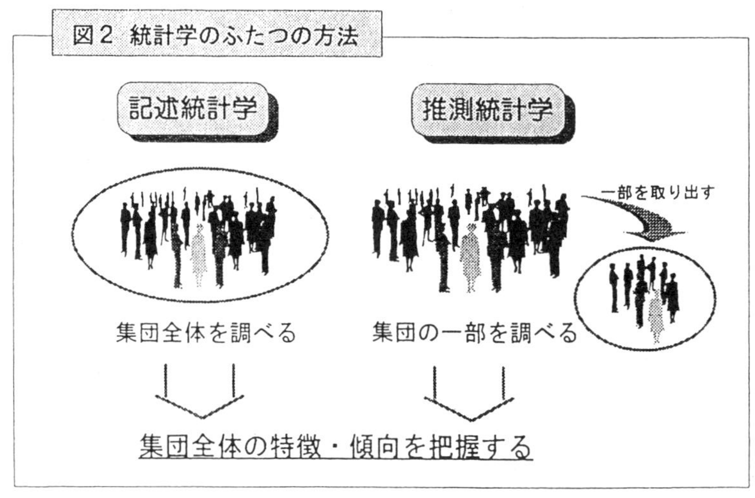

Ⅱ　記述統計学

〔解説１〕平均値

表１は△△会社の１課、２課のセールスマンの、ここ１ケ月の販売台数を示したものです。

表１

1課	5	3	4	7	6	
2課	2	6	1	9	7	5

１課、２課の販売実績には、それぞれどのような特徴があるでしょうか。データ表をながめただけで集団の特徴をつかむことは、なかなかできるものではありません。このようなとき、データから**代表値**を算出し、集団の特徴をとらえる指標として用います。

代表値とは、文字どおり「集団の様子を表す代表的な数値」です。みなさん良くご存知の平均値などは、いわば最も“代表的な”代表値といえましょう。

ではまず、平均値を比べてみましょう。１課、２課の平均販売台数を算出してみます。

１課：$\frac{5+3+4+7+6}{5}=5$（台）　　２課：$\frac{2+6+1+9+7+5}{6}=5$（台）

１課、２課いずれも５台で、セールスマン一人あたりの平均的な売上台数はどちらも同じということがわかりました。

記号による表現

○n：データの数を表します。
　１課の場合 $n=5$ となります。

○x_i：データの値を表します。「エックスアイ」と読みます。
　i はデータ（あるいは個体）の No. を表します。
　１課の場合 $x_1=5$、$x_2=3$、… となります。

○T：データの合計を表します。

○$\sum x_i$：T と同じく、データの合計を表します。
　$\sum$ は「シグマ」と読み、データ x_i を全て足しあわせるという意味です。
　１課の販売台数の合計は、$T=\sum x_i=x_1+x_2+x_3+x_4+x_5$
　$=5+3+4+7+6=25$　となります。

○$\bar{x}$：データの平均を表します。「エックスバー」と読みます。
　$\bar{x}=\sum x_i/n$（/は÷と同じ意味です。）

II　記述統計学

〔解説２〕偏差平方和

１課、２課の売上台数の平均は同じでしたが、では、１課と２課のセールスマンは、同じように働いたといってよいでしょうか。

セールスマン一人一人の実績を比べてみましょう。１課は、販売台数が最も多かった人が７台、少なかった人が３台で、最も多い人と少ない人の差は４台です。２課は、最も多かった人が９台、少なかった人は１台で、最も多い人と最も少ない人では８台の差があります。

最も大きいデータと最も小さいデータの差を、**レンジ**といいます。１課のレンジは４(台)、２課は８(台)です。１課は個人の実績にあまり差がなく、みんな同じくらい働いていることがわかります。さらに、１課に比べて２課は個人の実績に大きなバラツキがある、つまり、良く働いている人とそうでない人にはっきり分かれている、ということがわかります。

バラツキの程度を表すための代表値には、レンジのほかに**分散・標準偏差**があります。データを一つ一つ見ながら、バラツキの程度を把握するのは大変ですが、レンジや分散・標準偏差から、その集団のデータが、“どの程度バラツイているか”を一目で知ることができます。

分散・標準偏差を求めてみましょう。まず、**表１**をグラフにしてみます。

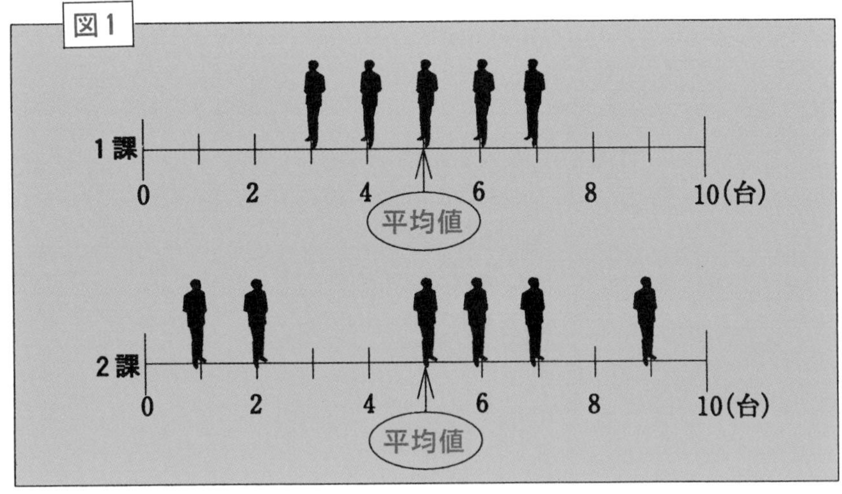

1. 集団の特徴をとらえる～代表値でみる～

図１のグラフから直感的に分かる通り、データのバラツキが小さいということは、「**平均値（＝中心）**から遠くはなれたデータ（点）が少ない」ということです。逆にデータのバラツキが大きいということは、「平均値（＝中心）から遠くはなれたデータ(点)が多い」ということになります。

それぞれのデータの「**平均値(中心)**からの距離」を足し合わせると、中心から遠くはなれたデータを多く持つ２課のほうが、値が大きくなるはずです。そこで１課と２課それぞれについて「個々のデータから平均値を引いた値(**偏差**といいます)」の和をとってみました。〈**表２-①**〉

表２：偏差と偏差の２乗

		売上台数 x_i	①偏差 $x_i-\overline{x}$	②偏差の２乗 $(x_i-\overline{x})^2$
1課	1	5	0	0
	2	3	－2	4
	3	4	－1	1
	4	7	2	4
	5	6	1	1
	合計	$\sum x_i$ 25	$\sum(x_i-\overline{x})$ 0	$\sum(x_i-\overline{x})^2$ 10
2課	1	2	－3	9
	2	6	1	1
	3	1	－4	16
	4	9	4	16
	5	7	2	4
	6	5	0	0
	合計	$\sum x_i$ 30	$\sum(x_i-\overline{x})$ 0	$\sum(x_i-\overline{x})^2$ 46

ご覧のとおり、偏差の和は、プラスとマイナスが打ち消しあって０になってしまいます。これはここだけのことではなく、**どんな場合でも偏差の和は０になります**。つまり、偏差の和はバラツキの尺度として用いることができません。そこで、マイナスの距離を無くすために**偏差を２乗し**、それを足し合わせた値を比較してみます。〈**表２-②**〉

この「偏差を２乗した値の和」を、**偏差平方和**といいます。

記号による表現

○$x_i-\overline{x}$：i 番目のデータ x_i から平均値 $\overline{x}$ を引いた値を、偏差といいます。

○$\sum(x_i-\overline{x})$：偏差の和を表します。この値は常に０になります。

○$\sum(x_i-\overline{x})^2$：偏差を二乗した値の和を表します、この値を偏差平方和といいます。

○S：偏差平方和を表す記号です。

II　記述統計学

〔解説3〕分散・標準偏差

1課と2課の**偏差平方和**を比較すると、確かに2課のほうが値が大きいのですが、2課はデータの数が1課より多いので、厳密にはこれだけでバラツキの程度を比べることはできません。データの数に関わりなくバラツキを見るためには、**偏差平方和をデータ数で割り**、その値を用います。

この「偏差平方和をデータ数で割った値」が**分散**です。〈**表3-①**〉

ところで、計算過程でデータを2乗しているので、分散の単位はもとのデータの単位の2乗になります。ここではもとのデータの単位は「台」ですから、算出された分散の単位は「台²」ということになります。バラツキの程度を比較するだけであればこのままでも構わないのですが、もとのデータと同じ単位に戻して扱いたいときは**分散の平方根**をとり、それを用います。この「分散の平方根」が**標準偏差**です。〈**表3－②**〉

1課の標準偏差は1.4(台)、2課は2.7(台)で、2課のほうが1課よりも売上台数のバラツキが大きいということが一目でわかります。

表3

	①分　散 $\frac{\sum(x_i - \bar{x})^2}{n}$	②標準偏差 $\sqrt{\frac{\sum(x_i - \bar{x})^2}{n}}$
1課	$\frac{10}{5}=2$	1.4
2課	$\frac{46}{6}=7.7$	2.8

記号による表現

○V：分散を表す記号です。
○σ：標準偏差を表す記号です。「シグマ」と読みます。

1．集団の特徴をとらえる～代表値でみる～

公　式

データ	x_i：エックスアイ	*data*
データ数	n：エヌ	*number of data*
合　計	T：ティー	*Total* $\sum x_i$
平均値	$\overline{x}$：エックスバー	*mean* $\sum x_i/n$
偏　差	$x_i - \overline{x}$：エックスアイ マイナス エックスバー	*deviation*
偏差平方和	S：エス	*Sum of squares* $\sum(x_i - \overline{x})^2$
分　散	V：ブイ	*Variance* S/n
標準偏差	σ：シグマ	*Standard deviation* $\sqrt{V}$
変動係数 **(変異係数)**		*coefficient of variation* $\sigma/\overline{x}$

✎代表値はこの他にもいろいろあります。**【もっと理解したい方へ】**（巻末）をご覧ください。

✎偏差平方和は次の公式でも計算できます。

$$\sum x_i^2 - (\sum x_i)^2/n$$

詳細は**【もっと理解したい方へ】**をご覧ください。

II　記述統計学

例題　1

次の表は５人の体重を調べたものです。この集団の分散・標準偏差・変動係数を求めなさい。

単位：kg

No.	1	2	3	4	5
データ	48	54	50	56	52

【解　答】

No.	データ x_i	偏　差 $x_i - x$	偏差の２乗 $(x_i - \overline{x})^2$
1	48	$48-52=-4$	16
2	54	$54-52=2$	4
3	50	$50-52=-2$	4
4	56	$56-52=4$	16
5	52	$52-52=0$	0
計	$T=260$	0.0	$S=40$

データ計　$T=\sum x_i=260$
データ数　$n=5$
平均値　$\overline{x}=T\div n=52$
偏差平方和　$S=\sum(x_i-\overline{x})^2=40$
分散　$V=S\div n=8$
標準偏差　$\sigma=\sqrt{V}=2.828$
変動係数　$\sigma/\overline{x}=0.05$

分散　8 kg
標準偏差　2.828 kg
変動係数　0.05（単位なし）

例題　2

次のデータの標準偏差を暗算で計算しなさい。

No.	1	2	3	4	5
データ	1000	1000	1000	1000	1000

【解　答】

データの値が全て同じということは、「全くバラついていない」ということを意味します。

標準偏差　0

テスト　1

次の表は、6人の身長を調べた結果です。この集団の標準偏差を小数点以下第2位まで求めなさい。

単位：cm

No.	1	2	3	4	5	6
データ	142	158	146	148	154	152

（　　　）… 4点、合計100点

【解　答】

No.	データ x_i	偏　差 $x_i-\bar{x}$	偏差の2乗 $(x_i-\bar{x})^2$
1	142	142－（　　　）＝（　　）	（　　　）
2	158	158－（　　　）＝（　　）	（　　　）
3	146	146－（　　　）＝（　　）	（　　　）
4	148	148－（　　　）＝（　　）	（　　　）
5	154	154－（　　　）＝（　　）	（　　　）
6	152	152－（　　　）＝（　　）	（　　　）
計	900	0	（　　　）

合　計　$T=$（　　　）　偏差平方和　$S=$（　　　）

データ数　$n=$（　　　）　分　散　$V=S\div n=$（　　　）

平均値　$\bar{x}=$（　　　）　標準偏差　$\sigma=\sqrt{V}=\sqrt{(\qquad)}$

答　標準偏差（　　　　）cm

〔解説１〕度数分布

集団の特徴を表すものとして、代表値とともによく用いられるのが度数分布です。度数分布の作り方を見てみましょう。次の表は、あるクラスの数学のテスト成績です。

表１ 原データ

No.	1	2	3	4	5	6	7	8	9	10	11	12	13	14	15	16	17	18	19	20
得点	53	36	30	60	37	43	41	24	44	44	23	43	45	47	53	23	51	44	31	54

No.	21	22	23	24	25	26	27	28	29	30	31	32	33	34	35	36	37	38	39	40
得点	50	19	35	36	40	72	40	57	65	43	37	62	49	51	46	54	58	18	50	29

この表から生徒ひとりひとりの成績はわかりますが、「特定の生徒がこの集団の中でどのような位置にいるのか」、また「このクラスの成績は全体としてどういう傾向を持っているのか」ということは、わかりません。

そこで得点を一定の範囲ごとにまとめ、そこにあてはまる個体をひとまとまりと見なすことによって、全体的な傾向を把握することにしましょう。

表２は**表１**を整理したもので、得点を10点ごとの区間に区切り、その区間にあてはまる人数を調べたものです。この区間を**階級**といいます。

表２では階級の幅は10点で、階級の数は７です。それぞれの階級にあてはまる個体数を**度数**、**表２**を**度数分布表**といいます。

表２ 度数分布表

階　級	度数	相対度数	累積度数	累積相対度数
10～19(点)	2	0.050	2	0.050
20～29	4	0.100	6	0.150
30～39	7	0.175	13	0.325
40～49	13	0.325	26	0.650
50～59	10	0.250	36	0.900
60～69	3	0.075	39	0.975
70～79	1	0.025	40	1.000

各階級の度数が全度数に占める割合を、その階級の**相対度数**といいます。

各階級の度数を順々に足し合わせて、それぞれの階級までの和を求めておくと便利です。この和を、その階級までの**累積度数**といい、各階級の累積度数が全体に占める割合を、その階級の**累積相対度数**といいます。

〔解説２〕度数分布の平均値・標準偏差

度数分布を扱う場合、**同じ階級にあてはまる個体は全て同じデータを持っているもの**とみなします。しかもそのデータは全て、**各階級の真ん中の値**とみなします。この各階級の真ん中の値を**階級値**といいます。(真ん中の値なので、**中位数**と呼ぶこともあります。)

表２の度数分布表では、「20～29点」という階級の階級値は

(20＋29)÷2＝24.5(点)です。

この階級の度数は４です。この４人の生徒の得点は、みんな24.5点であったとみなします。すると４人の得点の和は、

24.5＋24.5＋24.5＋24.5＝24.5×4＝98(点)です。

一般に i 番目の階級の階級値を x_i、度数を f_i とすると、階級 i のデータの和は $x_i \times f_i$ となります。

度数分布の平均値 $\bar{x}$ は、各階級のデータの和を全て足しあわせ、全度数 n で割って求めます。

公式：度数分布の平均値

$$\bar{x} = \frac{\sum x_i f_i}{n}$$

同様に i 番目の階級の偏差平方和は $(x_i - \bar{x})^2 \times f_i$ となります。全ての階級の偏差平方和を合計し、全度数 n で割ると、分散 V が求めらます。

公式：度数分布の分散 V・標準偏差 σ

$$V = \frac{\sum (x_i - \bar{x})^2 f_i}{n}、\sigma = \sqrt{V}$$

〔解説3〕度数分布表のグラフ化

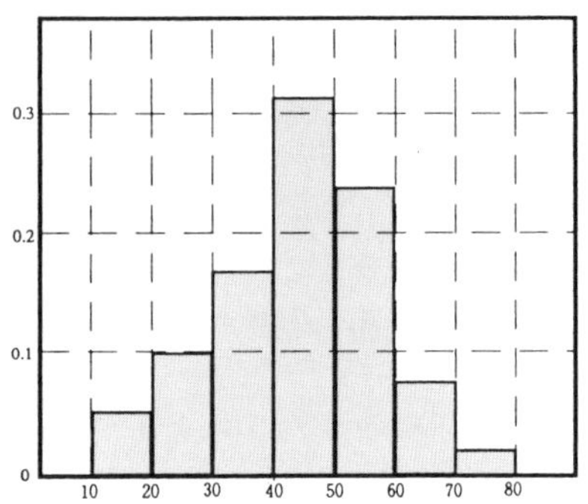

○ヒストグラム（*histogram*）

度数あるいは相対度数を縦軸に、**階級値**を横軸にとって度数分布表の棒グラフを作成します。このグラフをヒストグラムといい、集団の様子を視覚的にとらえるために、よく用いられます。(本書のヒストグラムは、全て相対度数をもとに作成しています。)

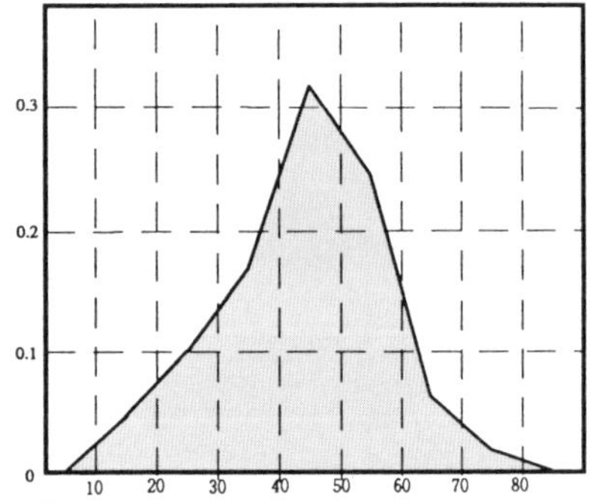

○度数多角形（*frequency polygon*）

ヒストグラムの柱頭の中点を直線で結んで、折れ線グラフを作成します。これを度数多角形といいます。

○ヒストグラム・度数多角形と標準偏差の関係

集団の標準偏差が大きければ度数多角形は扁平なかたちになり、小さければ狭く高くなります。

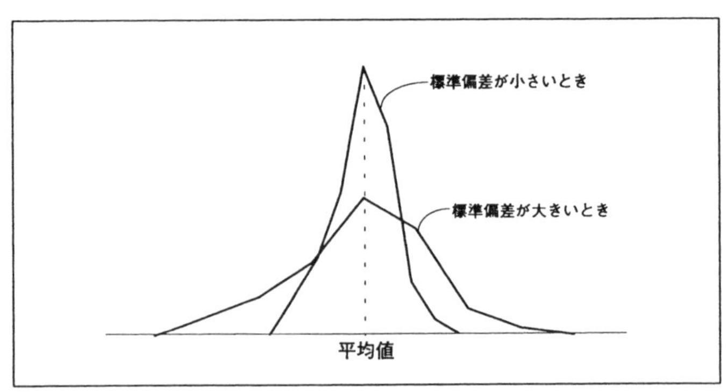

POINT 度数分布の階級設定

度数分布の階級数や階級幅は、データを扱う人が決めなくてはなりません。階級設定には厳密なルールはありませんが、次の点に注意が必要です。

※次の3つのヒストグラムは、いずれも**表1**のデータから作成したものです。階級の切り方によって、同じデータからのヒストグラムであっても全く違うかたちになってしまいます。階級数5や階級数10のヒストグラムでは、集団の様子が見えにくくなってしまいます。

階級数は、多すぎても少なすぎても集団の特徴が分かりにくくなります。ヒストグラムをいくつか作成してみて、集団の特徴が分かりやすい階級数を採用するのが一般的です。

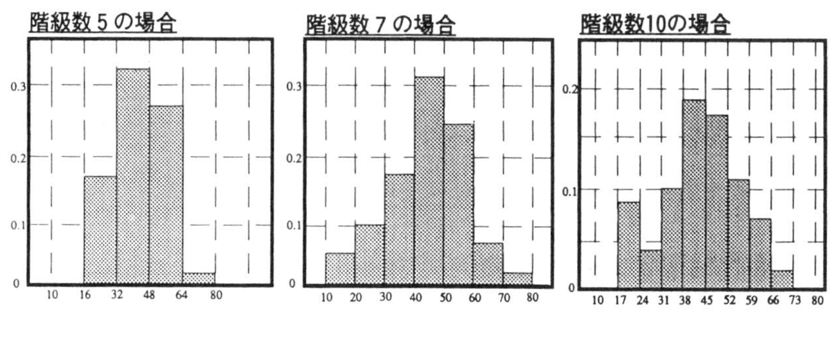

POINT 度数分布の階級値

連続量データと離散量データでは、階級値の算出方法が異なります。

体重や身長など、量で計って得られるデータを連続量データといいます。一方人口など、数を数えて得られるデータを離散量データといいます。

連続量データの場合：40 kg 以上50 kg 未満→階級値(40＋50)÷2＝45 kg
　　　　　　　　　　50 kg 以上60 kg 未満→階級値(50＋60)÷2＝55 kg
離散量データの場合：40人以上49人以下　→階級値(40＋49)÷2＝44.5 点
　　　　　　　　　　50人以上59人以下　→階級値(50＋59)÷2＝54.5 点

★一般に、連続量データのヒストグラムは柱どうしを接触させて描きます。また離散量データの場合は、柱と柱を分離して描きます。

II　記述統計学

公　式

度数分布表

階　級	階級値	度数	相対度数	累積相対度数
$a_0 \sim a_1$	x_1	f_1	$P_1 = f_1/n$	$F_1 = P_1$
$a_1 \sim a_2$	x_2	f_2	$P_2 = f_2/n$	$F_2 = P_1 + P_2$
⋮	⋮	⋮	⋮	⋮
$a_{j-1} \sim a_j$	x_j	f_j	$P_j = f_j/n$	$F_j = P_1 + P_2 + \cdots + P_j$
⋮	⋮	⋮	⋮	⋮
$a_{c-1} \sim a_c$	x_c	f_c	$P_c = f_c/n$	$F_c = P_1 + P_2 + \cdots + P_j + \cdots + P_c = 1$
	計	n	1.0	

平均　$\overline{x} = \dfrac{\sum x_i f_i}{n}$

分散　$V = \dfrac{\sum (x_i - \overline{x})^2 f_i}{n}$

標準偏差　$\sigma = \sqrt{\dfrac{\sum (x_i - \overline{x})^2 f_i}{n}}$

最頻値（モード）：最大の度数を持つ階級値

度数分布表を式で表すと難しい
けれど，使ってみると便利だぞ

例題　3

階　級	度　数	相対度数	累積度数	累積相対度数
10～19(点)	2	0.050	2	0.050
20～29	4	0.100	6	0.150
30～39	7	0.175	13	0.325
40～49	13	0.325	26	0.650
50～59	10	0.250	36	0.900
60～69	3	0.075	39	0.975
70～79	1	0.025	40	1.000

1．上の度数分布表で、次のことを調べなさい。
　1)　度数が最も大きいのはどの階級ですか。
　2)　最頻値はいくつですか。
　3)　65点の生徒は、40人の中で得点が高い方ですか、低い方ですか。
　4)　60点未満の生徒は何人いますか。
　5)　得点が低い方から数えて30番目の生徒はどの階級に入っていますか。
2．平均と標準偏差を求めなさい。

【解　答】
1．1)　40～49点の階級です。
　2)　(40＋49)÷2＝44.5点
　3)　65点の人は、大きい方から2番目の階級「60～69点」に入っています。従って、得点が高い方といえます。
　4)　累積度数で50～59点の階級までをみると、36です。すなわち36人といえます。
　5)　累積度数より、50～59点の階級に入っているといえます。

→次ページに続く

II　記述統計学

2．

階　　級	階級値	度　数	$x_i \times f_i$	$x_i - \bar{x}$	$(x_i - \bar{x})^2 \times f_i$
10～19(点)	14.5	2	29.0	−29.5	1740.50
20～29	24.5	4	98.0	−19.5	1521.00
30～39	34.5	7	241.5	−9.5	631.75
40～49	44.5	13	578.5	0.5	3.25
50～59	54.5	10	545.0	10.5	1102.50
60～69	64.5	3	193.5	20.5	1260.75
70～79	74.5	1	74.5	30.5	930.25
計		n $=40$	$\sum x_i f_i$ $=1760$		$\sum (x_i - \bar{x})^2 \times f_i$ $=7190$

平均　$\bar{x} = \dfrac{\sum x_i f_i}{n} = \dfrac{1760}{40} = 44.0$

分散　$V = \dfrac{\sum (x_i - \bar{x})^2 f_i}{n} = \dfrac{7190}{40} = 179.75$

標準偏差　$\sigma = \sqrt{\dfrac{\sum (x_i - \bar{x})^2 f_i}{n}} = \sqrt{179.75} = 13.4$

答　　平均　44.0点、標準偏差　13.4点

横のひろがりが
集団のばらつきを
教えてくれるよ

テスト　2

右の表はある集団の身長の度数分布表です。平均値と標準偏差を小数点以下2桁まで求めなさい。

階　　級	度数
140 cm 以上150 cm 未満	2
150　〃　160　〃	5
160　〃　170　〃	16
170　〃　180　〃	5
180　〃　190　〃	2

（　　　）…3点、〔　　〕…5点、合計100点

【解　答】

階　級	階級値(x_i)	度数(f_i)	$x_i f_i$	$(x_i-\overline{x})f_i$	$(x_i-\overline{x})^2 f_i$
140～150	(　　　)	2	(　　　)	(　　　)	(　　　)
150～160	(　　　)	5	(　　　)	(　　　)	(　　　)
160～170	(　　　)	16	(　　　)	(　　　)	(　　　)
170～180	(　　　)	5	(　　　)	(　　　)	(　　　)
180～190	(　　　)	2	(　　　)	(　　　)	(　　　)
計		n (　　　)	$\sum x_i f_i$ (　　　)	$\sum (x_i-\overline{x})f_i$ (　　　)	$\sum (x_i-\overline{x})^2 f_i$ (　　　)

データ数　$n=($　　　　$)$
データ計　$T=\sum x_i f_i=($　　　　$)$
平均　$\overline{x}=T/n=($　　　　$)$
偏差平方和　$S=\sum (x_i-\overline{x})^2 f_i=($　　　　$)$
分散　$V=S/n=($　　　　$)$
標準偏差　$\sigma=\sqrt{V}=($　　　　$)$

答　平均　〔　　　　　〕cm
　標準偏差　〔　　　　　〕cm

3．個々のデータの位置を知る

〔解説1〕基準値

集団全体の様子を把握する方法として、代表値と分布を見てきました。それでは、「個々のデータが集団のどの位置にあるのか」を把握するには、どうすれば良いのでしょうか。

表1は、ある5人の生徒の国語と数学の得点です。

表1

No.	1	2	3	4	5	平均点
国語	90	80	70	60	50	70
数学	40	90	30	20	10	38

No. 1の生徒は国語で90点、No. 2の生徒は数学で90点をとっています。どちらも国語、数学で1番の成績です。「No. 1の国語の成績とNo. 2の数学の成績は、同じである」といって良いでしょうか。

国語の平均点は70点、数学の平均点は38点です。どちらも1番は1番ですが、平均点がこんなに違うのに、得点をそのまま比較するのは不公平というものです。

平均点が異なる課目の得点を比較するには、得点と平均点の差を比較すれば良いのです。そこで、No. 1の国語の得点、No. 2の数学の得点からそれぞれの平均点を引いて、もう一度比較してみましょう。

No. 1の国語の得点：90－70＝20（点）

No. 2の数学の得点：90－38＝52（点）

No. 1は20(点)、No. 2は52(点)となり、No. 2の数学の成績のほうが良いということがわかります。つまり、同じ1番でも、No. 2の数学は、No. 1の国語に比べてはるかに抜きんでた1番だということです。

3．個々のデータの位置を知る

それでは、平均点が同じだった場合はどうでしょうか。

表2は、ある10人の生徒の国語と数学の得点です。

表2

No.	1	2	3	4	5	6	7	8	9	10	平均点	標準偏差
国語	90	57	56	54	53	52	50	45	40	33	53	14.3
数学	93	90	80	63	55	45	40	27	20	17	53	26.6

No. 1の国語とNo. 2の数学は、どちらも90点で同じです。平均点も53点で同じです。今度は「No. 1の国語の成績とNo. 2の数学の成績は同じである」といって良いでしょうか。

標準偏差をみてみると、国語は14.3点、数学は26.6点です。

10人の国語の得点のバラツキは数学にくらべると小さく、飛び抜けて悪い点を取った人も、飛び抜けて良い点を取った人も少ないことがわかります。逆に数学は点数のバラツキが大きく、平均点は国語と同じでも、得点が高い人もいれば低い人もいる、ということがわかります。つまり、「国語の方が得点のバラツキが小さく、良い点をとりにくいけれども悪い点をとることも少ない」ということが、標準偏差の値に表れています。

国語と数学で、ともに90点という高得点をとったとしても、その90点の“とりやすさ”は国語と数学では異なっているわけです。すなわち、標準偏差が小さい国語の90点のほうが、数学の90点よりもとりにくく、相対的な価値が高い、ということになります。この違いを無視して得点を比較するのは、やはり不公平といえましょう。そこで、今度は標準偏差を点数に反映させる方法を考えてみます。

標準偏差の異なる得点どうしを比較するには、得点をそれぞれの標準偏差で割り、その値を比較すれば良いのです。そこで、国語と数学の得点をそれぞれの標準偏差で割り、その値を比較してみます。

$$\frac{\text{得点}}{\text{標準偏差}} \qquad \text{国語}\cdots\ \frac{90}{14.3}=6.3 \qquad \text{数学}\cdots\ \frac{90}{26.6}=3.4$$

No. 1は6.3(点)、No. 2は3.4(点)で、No. 1の国語の成績のほうが良いということがわかります。このように、同じ順位のデータであっても、集団のなかでの相対的な位置はひとつひとつ異なるわけです。

II　記述統計学

ここでは平均点が同じ値でしたが、現実にはこのようにぴったり同じ平均値になることは稀です。そこで、平均値と標準偏差の両方が異なる場合でも比較できるよう、データから平均値を引き、その値を標準偏差で割ります。

この変換を基準化、変換後の値を**基準値**（ノーマライズスコア）といいます。

基準値＝$\dfrac{\text{得点}-\text{平均点}}{\text{標準偏差}}$　国語…$\dfrac{90-53}{14.3}=2.59$　数学…$\dfrac{90-53}{26.6}=1.39$

まとめると、データから平均値を引き、その値を標準偏差で割ることによって、集団の中での相対的な位置を明らかにできるということになります。

10人の国語と数学の得点を基準化すると、次のようになります。

表3　基準値

No.	1	2	3	4	5	6	7	8	9	10	平均点	標準偏差
国語	2.6	0.3	0.2	0.1	0.0	−0.1	−0.2	−0.6	−0.9	−1.4	0.0	1.0
数学	1.5	1.4	1.0	0.4	0.1	−0.3	−0.5	−1.0	−1.2	−1.4	0.0	1.0

集団のなかで、個々のデータがどのような位置にあるのかを把握したいとき、全てのデータをながめながらひとつひとつ位置関係を決めていくのは大仕事です。けれども平均値と標準偏差さえ分かっていれば、データを基準化することによって、たちどころに集団の中での相対的な位置を把握することができます。

3. 個々のデータの位置を知る

〔解説2〕偏差値

基準値の値は小さいので、10倍して50を加え、扱いやすい値にすることがあります。

この値を偏差値といいます。

偏差値＝(基準値×10)＋50

10人の国語と数学の偏差値を求めると、次のようになります。

表4　偏差値

No.	1	2	3	4	5	6	7	8	9	10	平均点	標準偏差
国語	76	53	52	51	50	49	48	44	41	36	50	10
数学	65	64	60	54	51	47	45	40	38	36	50	10

基準化されたデータの平均値は0、標準偏差は1になります。また偏差値に変換されたデータの平均値は50、標準偏差は10になります。どちらの変換も、「平均値と標準偏差を揃えることによって集団の中での相対的な位置を把握する」ということは同じです。

また、集団の中での位置を相対化することによって、個々のデータの位置を把握するとともに、データの単位を揃えることができます。

例えば「身長」と「体重」、あるいは「100ｍ走のタイム」と「数学の成績」のようにデータの単位が異なっていても、データを基準値・偏差値に変換することによって、比較したり、足し合わせて総合得点を算出したりすることができます。

II　記述統計学

公　式

No.	1	2	3	…	i	…	n
データ	x_1	x_2	x_3	…	x_i	…	x_n

平均　$\overline{x}=\sum x_i/n$

標準偏差　$\sigma=\sqrt{\sum(x_i-\overline{x})^2/n}$

基準値　i 番目のサンプルの基準値を Z_i とすると、

$$Z_i=\frac{x_i-\overline{x}}{\sigma}$$

偏差値　i 番目のサンプルの偏差値を H_i とすると、

$$H_i=\frac{10(x_i-\overline{x})}{\sigma}+50$$

POINT　基準値の平均は０、標準偏差は１です。
偏差値の平均は50、標準偏差は10です。

こんなに素晴しい偏差値
を悪用しないでね♡

例題　4

次のデータの偏差値と基準値を求めなさい。

No.	1	2	3	4	5
データ	3	5	6	7	9

【解　答】

平均を $\overline{x}$、標準偏差を σ とすると、

$\overline{x}=\sum x_i/n=(3+5+6+7+9)\div 5=6$

$\sigma=\sqrt{\sum(x_i-\overline{x})^2/n}$

$=\sqrt{\{(3-6)^2+(5-6)^2+(6-6)^2+(7-6)^2+(9-6)^2\}\div 5}$

$=\sqrt{(9+1+0+1+9)\div 5}=\sqrt{4}=2$

No.	偏差値 $\dfrac{10(x_i-\overline{x})}{\sigma}+50$	基準値 $\dfrac{x_i-\overline{x}}{\sigma}$
1	$\dfrac{10(3-6)}{2}+50=35$	$\dfrac{3-6}{2}=-1.5$
2	$\dfrac{10(5-6)}{2}+50=45$	$\dfrac{5-6}{2}=-0.5$
3	$\dfrac{10(6-6)}{2}+50=50$	$\dfrac{6-6}{2}=0$
4	$\dfrac{10(7-6)}{2}+50=55$	$\dfrac{7-6}{2}=0.5$
5	$\dfrac{10(9-6)}{2}+50=65$	$\dfrac{9-6}{2}=1.5$

II　記述統計学

テスト　3

ある学級の体育の授業で腕立て伏せと走り幅跳びを行いました。**表A**は、学級全員の成績の平均と標準偏差を算出したものです。**表B**のA君、B君、C君のうちで、総合成績が一番良かったのは誰でしょうか。

表A

	平　均	標準偏差
腕立て伏せ（回）	20.0	5.0
走り幅跳び（m）	4.5	0.5

表B

	A君	B君	C君
腕立て伏せ（回）	32	28	35
走り幅跳び（m）	5.0	5.5	4.6

（　　　）…3点、〔　　　〕…19点　合計100点

【解　答】

基準値を求めます。

	A君	B君	C君
腕立て伏せ	$\frac{(\quad)-(\quad)}{(\quad)}$ ＝（　　　）	$\frac{(\quad)-(\quad)}{(\quad)}$ ＝（　　　）	$\frac{(\quad)-(\quad)}{(\quad)}$ ＝（　　　）
走り幅跳び	$\frac{(\quad)-(\quad)}{(\quad)}$ ＝（　　　）	$\frac{(\quad)-(\quad)}{(\quad)}$ ＝（　　　）	$\frac{(\quad)-(\quad)}{(\quad)}$ ＝（　　　）
計	（　　　）	（　　　）	（　　　）

答　　総合成績が一番良かったのは、〔　　　〕君です。

4. 集団の特徴を分布曲線であらわす　II　記述統計学

〔解説1〕正規分布

図1のヒストグラム①はデータ数40ですが、もしデータ数をどんどん増やすことができたら、ヒストグラムの形はどのように変わるでしょうか。

データ数が少ないときは、途中でグラフを途切れさせないように、階級の幅を大きくとる必要があります。従って、ヒストグラムの輪郭は凸凹しています。〈**図1-①**〉

データ数をどんどん増やすことができたら、階級の幅をどんどん小さくすることができます。そして階級の幅を小さくすればするほど、ヒストグラムの輪郭は凸凹がならされて滑らかになって行きます。〈**図1-②、③**〉

ついに階級の幅を極限まで小さくすると、ヒストグラムの輪郭は滑らかな曲線になります。〈**図1-④**〉 これが**分布曲線**です。

図1　データ数とヒストグラム

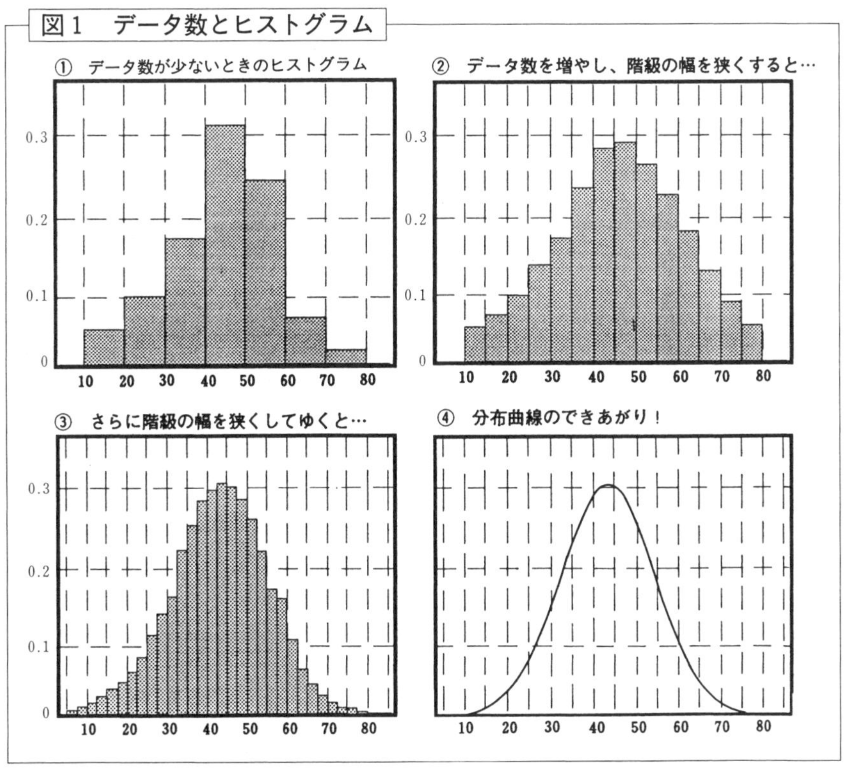

II　記述統計学

図１、④でできあがった左右対称の分布曲線は、正規分布曲線(normal distribution)とよばれるものです。(数学者ガウスにちなんで、ガウス分布ともよばれます。)自然現象や社会現象の規則性・法則性には、この正規分布で表されるものが沢山あります。分布曲線は正規分布に限らず数多く存在しますが、なかでもこの正規分布は、「分布の基本」ということができます。

正規分布(曲線)の性質をみてみましょう。

図２　正規分布

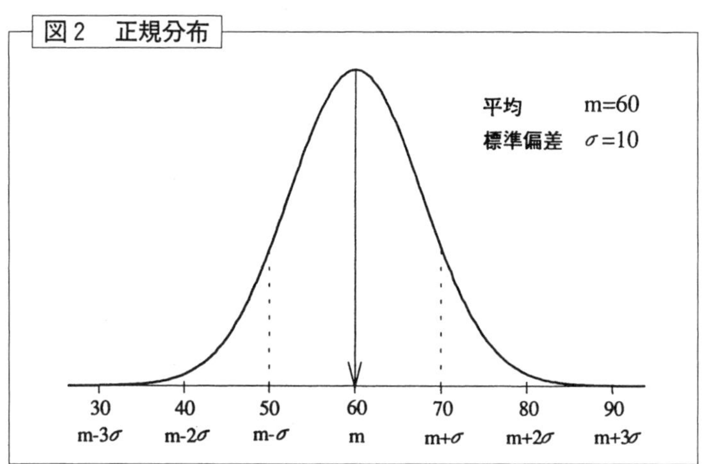

曲線のちょうど真ん中にあたる**横軸**の値が**平均値**(ここでは $m=60$)です。曲線は平均値で最も高くなり、そこから離れるに従って左右対称に低くなります。

正規分布の大きな特徴は、曲線から横軸に垂線をおろしてある範囲を囲んだとき、その面積がそのまま全体に占める確率になるということです。具体的には、「得点が60点以上70点未満の人の確率は0.34(34%)である」というようにいうことができます。

このように、横軸に対応する個体の確率を面積によって把握できる曲線を、確率密度曲線といいます。**確率密度曲線と横軸で囲まれる全体の面積は、１になります。**

4. 集団の特徴を分布曲線であらわす

図2を見ながら正規分布の性質を考えてみましょう。

○平均(ここでは $m=60$)を中心に、常に左右対称となります。
○曲線は平均値で最も高くなり、左右に広がるにつれて低くなります。
○標準偏差(ここでは $\sigma=10$)の値が大きければ大きいほど曲線は扁平になり、小さければ小さいほど狭く高くなります。
○横軸 $m-\sigma$ と $m+\sigma$(**図2**では60−10=50、60+10=70)に対応する曲線上の点が変曲点となります。すなわち曲線は、変曲点の間では上に凸、変曲点の外側では下に凸となっています。
○区間$[m-\sigma,\ m+\sigma]$　(**図2**では[50, 70])：面積(確率)は約0.68です。
○区間$[m-2\sigma,\ m+2\sigma]$(　〃　[40, 80])：面積(確率)は約0.95です。
○区間$[m-3\sigma,\ m+3\sigma]$(　〃　[30, 90])：面積(確率)は約0.997です。

〔解説２〕標準正規分布

先に**基準値**について学びました。個々のデータから平均値を引き、標準偏差で割る(これを**基準化**といいます)と、基準値(ノーマライズスコア)という値になります。

基準値の平均は０、標準偏差は１です。

データを基準化し、基準値をもとに相対度数ヒストグラムを作成します。この基準値からつくられた相対度数ヒストグラムが正規分布しているとき、この正規分布を標準正規分布といいます。

図３　標準正規分布

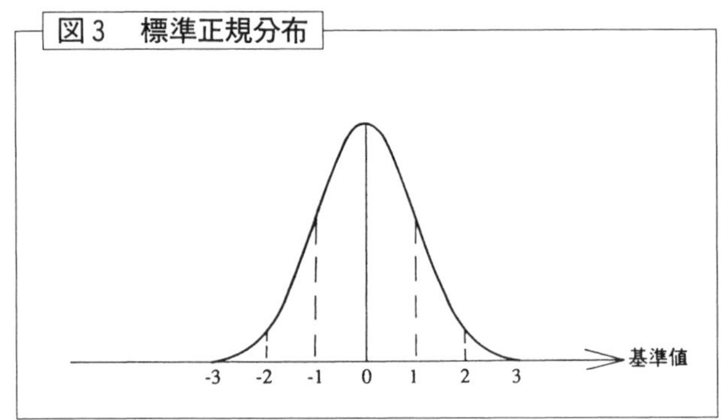

正規分布しているデータは、基準化することによって標準正規分布に従うことになります。標準正規分布に従うことがわかれば、個々のデータの確率を簡単に求められます。

標準正規分布は確率を求めるのによく利用されるので、統計の書籍の巻末には、基準値に対応する標準正規分布上の確率が一目でわかる付表(標準正規分布表)が必ず記載されています。

〔解説3〕標準正規分布表の見方

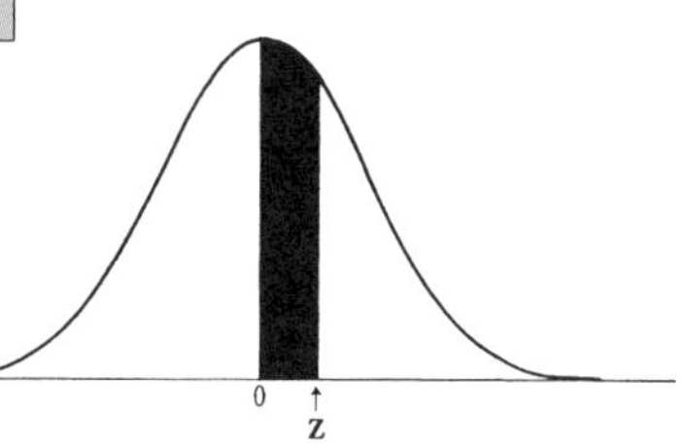

●標準正規分布表は、基準値 z に対応する、図の黒い部分の確率を表にしたものです。

この確率を、下側確率とよびます。

●標準正規分布表

Z	0.00	0.01	0.02	0.03	0.04	0.05	0.06	0.07	0.08	0.09
0.0	0.00000	0.00399	0.00798	0.01197	0.01595	0.01994	0.02392	0.02790	0.03188	0.03586
0.1	.03983	.04380	.04776	.05172	.05567	.05962	.06356	.06749	.07142	.07535
0.2	.07926	.08317	.08706	.09095	.09483	.09871	.10257	.10642	.11026	.11409
1.5	.43319	.43448	.43578	.43699	.43822	.43948	.44062	.44179	.44295	.44408
1.6	.44520	.44630	.44738	.44845	.44950	.45058	.45154	.45254	.45352	.45994
1.7	.45543	.45637	.45728	.45818	.45907	.45994	.46080	.46164	.46246	.46327
1.8	.46407	.46485	.46562	.46638	.46712	.46784	.46856	.46926	.46995	.47026
1.9	.47128	.47193	.47257	.47320	.47381	.47441	.47500	.47558	.47615	.47670
2.0	.47725	.47778	.47831	.47882	.47932	.47982	.48030	.48077	.48124	.48169
2.1	.48214	.48257	.48300	.48341	.48382	.48422	.48461	.48500	.48537	.48574

(例) z=1.96に対応する斜線部分の確率（これを上側確率とよびます。）を求めてみます。

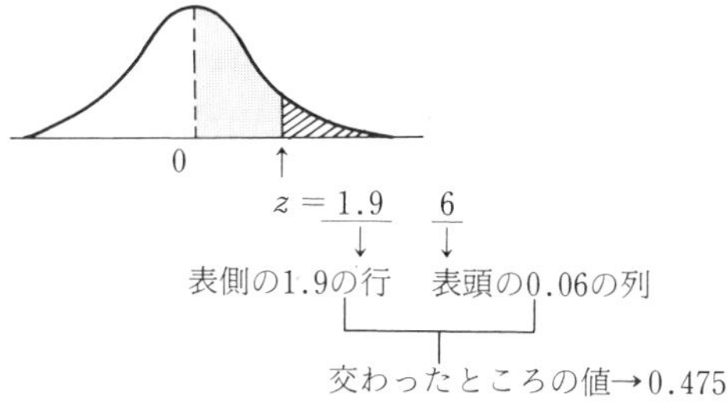

●0.475は、図の黒い部分の確率（下側確率）なので、0.5−0.475=0.025
これにより、求める確率は0.025とわかります。

(例) 確率0.05に対応する z の値を求めてみます。

●0.5から0.05を引きます。　0.5－0.05＝0.45
●標準正規分布表の中で、0.45にもっとも近い値をさがします。この場合は0.4495
●0.4495の表側の z は1.6
　〃　の表頭の z は0.04
　$1.6+0.04=1.64$
これにより、求める z の値は1.64とわかります。

注　確率0.05に対応する z の値を、$z(0.05)=1.64$ と書き表すことがあります。

4．集団の特徴を分布曲線であらわす

公　式

正規分布

平均 m、標準偏差 σ の集団が正規分布に従っているとき、この正規分布を $N(m,\ \sigma^2)$ と表示します。

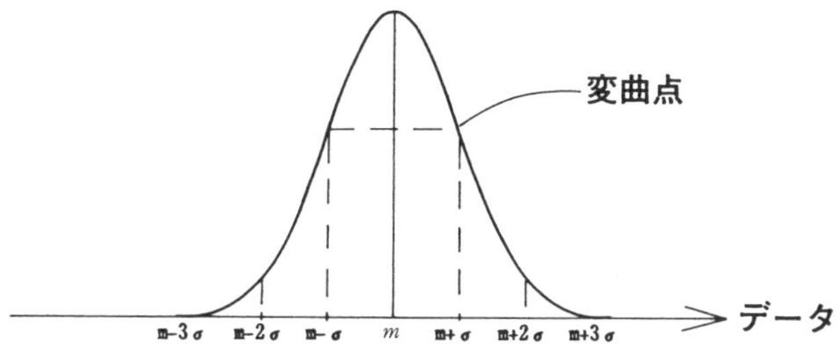

標準正規分布　$N(0,\ 1^2)$

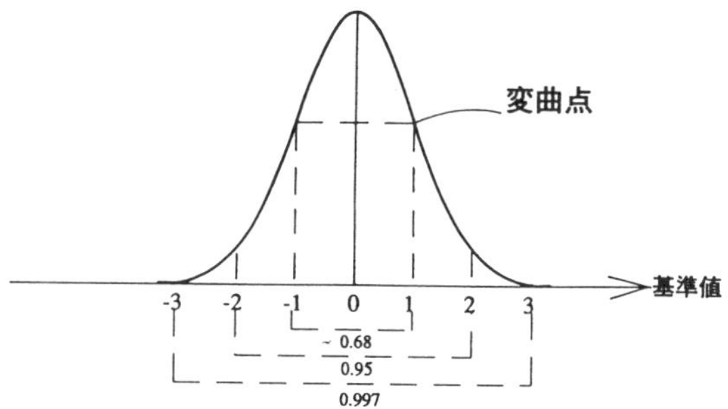

☆確率0.95に対応する Z の正確な値は、1.96になります。

例題　5

標準正規分布上で、右の黒い部分が0.05となる Z の値を求めなさい。

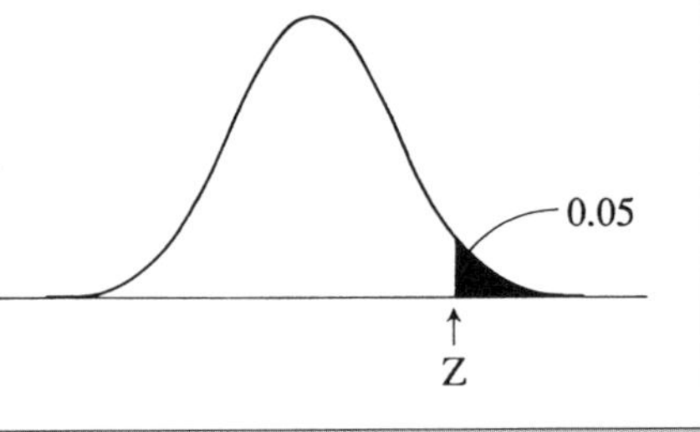

【解　答】

○0.5から0.05を引きます。0.5−0.05＝0.45

○標準正規分布表で、0.45に最も近い値を探します。ここでは0.4495です。

○確率0.4495に対応する Z の値は1.64　　　答　1.64

4．集団の特徴を分布曲線であらわす

例題 6

ある男子高校の生徒の身長が、平均165 cm、標準偏差 6 cm で正規分布に従っているとします。標準正規分布表を用いて、次のことを調べなさい。

1）身長が159 cm 以上171 cm 以下の生徒の確率

2）無作為に 1 人の生徒を選んだとき、身長180 cm 以上である確率

【解　答】

1）身長159 cm の基準値を Z_1、171 cm の基準値を Z_2 とすると、

$$Z_1=\frac{159-165}{6}=-1$$

$$Z_2=\frac{171-165}{6}=1$$

求める確率は $Z_1=-1$ から $Z_2=1$ の間の確率(右図の黒い部分)。これは $Z=0$ から $Z=1$ までの確率を 2 倍した値に等しい。

標準正規分布表より $Z=1$ の確率は 0.34134

これより求める確率は

$2\times0.34134=0.68268$

答　0.683(68.3%)

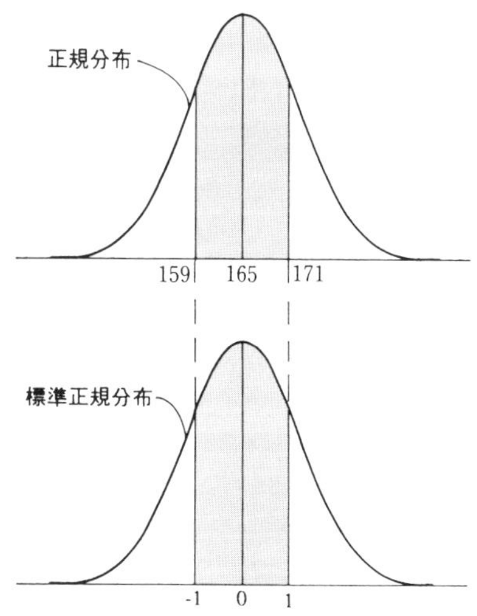

2）身長180 cm の基準値は

$$Z=\frac{180-165}{6}=2.5$$

標準正規分布表より $Z=2.5$ の確率は 0.49379

求める確率は右図の黒い部分なので、

$0.5-0.49379=0.00621$

答　0.006(0.6%)

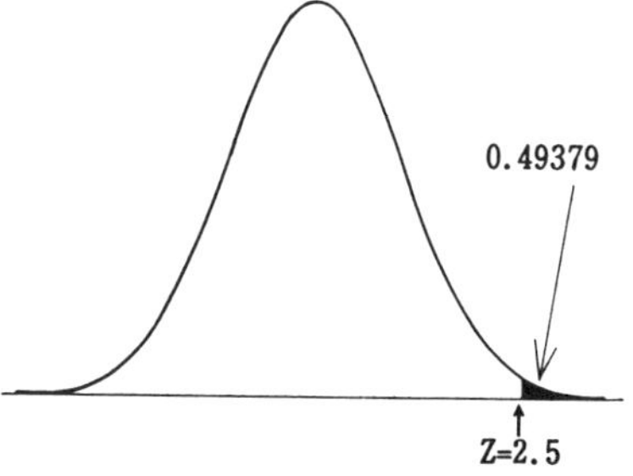

II　記述統計学

テスト　4

右の図は３種類の正規分布をグラフ化したものです。

１、２、３それぞれがア、イ、ウのどれに当たるかを答えなさい。

ア．$N(0,\ 0.5^2)$
イ．$N(0,\ 1^2)$
ウ．$N(4,\ 1.5^2)$

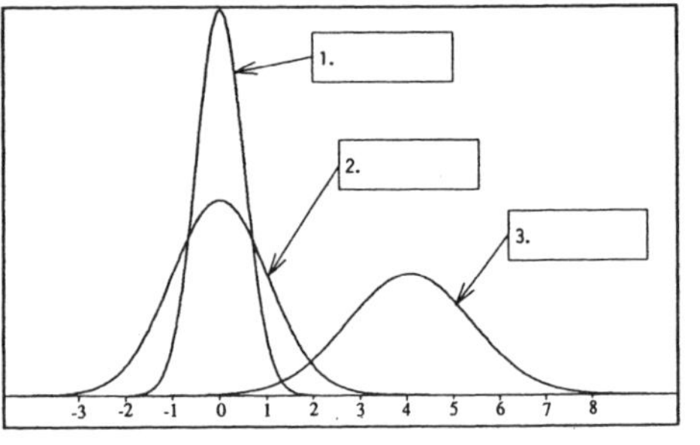

各５点、合計15点

テスト　5

300人の生徒の数学の成績が、平均65点、標準偏差12点で正規分布に近い分布をしています。

1）50点から70点までの生徒は何人くらいいると考えられますか。

2）80点以上の生徒は何人くらいいると考えられますか。

3）上から50番目以内に入るためには何点以上とればよいですか。

（　　）…2点、〔　　〕…5点、合計85点

【解　答】１）

○基準化すると、

$$a=\frac{(\quad)-(\quad)}{(\quad)}$$

$$b=\frac{(\quad)-(\quad)}{(\quad)}$$

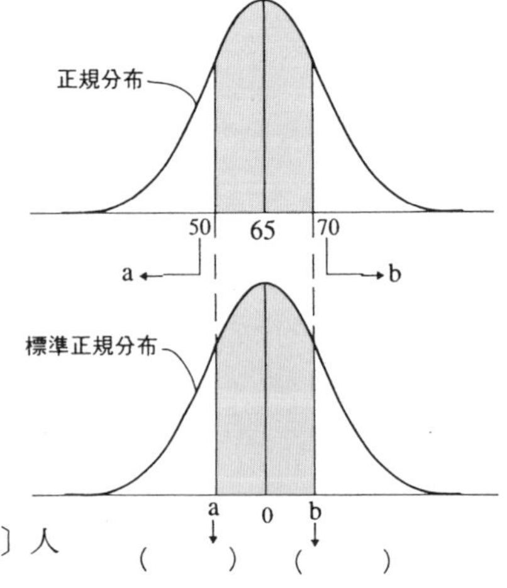

○基準値 a から０までの確率は、付表より（　　　）

○基準値０から b までの確率は、付表より（　　　）

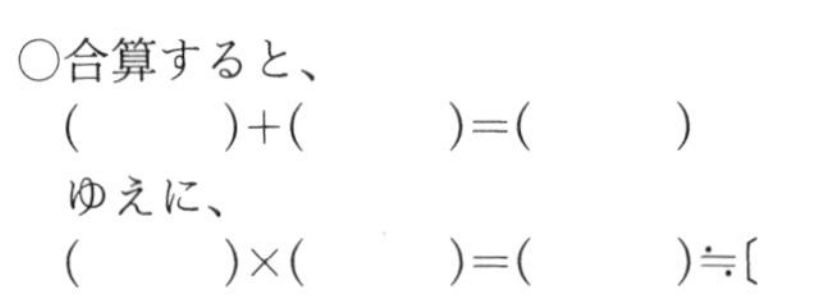

○合算すると、

（　　　）＋（　　　）＝（　　　）

ゆえに、

（　　　）×（　　　）＝（　　　）≒〔　　　〕人

【解　答】2）

○基準化すると、

$$c=\frac{(\qquad)-(\qquad)}{(\qquad)}$$

○基準値 c となる確率は、付表より（　　　　）

○80点以上の生徒の確率は、

（　　　）−（　　　）＝（　　　）

ゆえに、300（人）×（　　　　）＝（　　　）≒〔　　　〕人

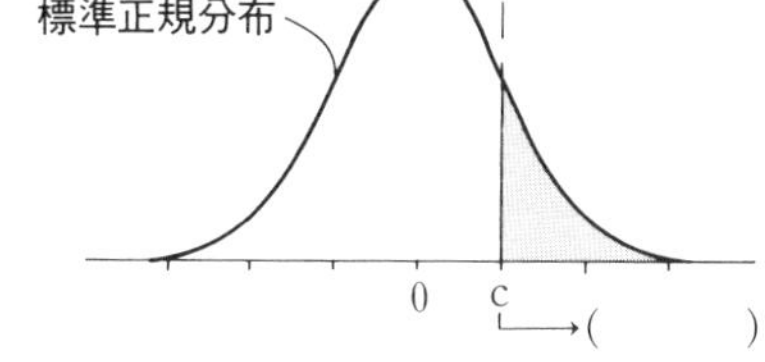

3）

50番以内となる確率は、d＝（　　　）人÷（　　　）人＝（　　　）

e の部分の確率は、

$e=0.5-d=0.5-$（　　　　）＝（　　　　）

付表より、e に対応する基準値 f を求めると、f＝（　　　）

求める得点を x とすると、

$f=(x-65)/12=$（　　　　）

ゆえに、

$x=12\times$（　　　　）$+65$

＝（　　　　）≒〔　　　　〕点

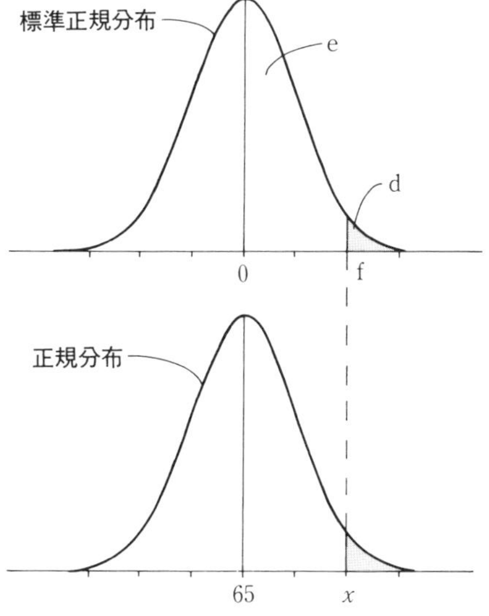

Ⅲ　推測統計学

1．母集団と標本

ここからは“部分から全体を知る”推測統計学の基礎を解説します。

〔解説１〕全体と部分

まずはじめに**全体**（母集団）と**部分**（標本）の関係を理解しておきましょう。

日本で５年ごとに行われる国勢調査は、日本に在住する全ての人を調査することになっています。このような集団全体を対象とする調査を全数調査といいます。

ところで、調査の内容や目的によっては、集団全体を調査することが無意味であったり、不可能であったりすることがあります。

たとえば品質管理で全数調査を行ったとしたら、商品によっては検査に合格しても売る製品がなくなってしまうこともあります。また選挙の予想などに全数調査を実施しようものなら、たいへんな費用がかかるばかりでなく、調査結果が出るまえに選挙が終わってしまった、ということにもなりかねません。

そこで、集団全体ではなく一部分を調査し、その結果から**推測する**ことによって、全体を把握することを考えてみます。集団の一部分を対象とする調査を標本調査といいます。集団の「一部分」を**標本（サンプル）**、もとの集団を**母集団**といいます。

POINT　標本（サンプル）の数え方

標本（サンプル）とは、抽出された複数の個体のひとまとまりを指す言葉です。従って、一つの個体（あるいはデータ）だけを指して「標本（サンプル）」ということはできません。この本では、標本に含まれる個体数を標本（サンプル）サイズ、標本（＝複数の個体のひとまとまり）そのものの数を標本（サンプル）数と呼んで区別します。

Ⅲ　推測統計学

〔解説２〕ランダム抽出

『**①母集団から標本（サンプル）を取り出し、②必要なことを調べ、③標本の特性をもとに母集団の特性を把握する**』という一連の手続きは、推測統計学の基本的な考え方として、あらゆる場面で用いられています。

標本調査は、標本のデータによって母集団の特性を把握するのですから、標本を取り出すときには、母集団の特性が現れやすいように偏りなく取り出す必要があります。

「偏りなく」標本を取り出すことを、「無作為に」または「ランダムに」抽出する、といいます。

標本をランダムに抽出するもっとも一般的な方法として、「クジ引き」があります。「クジ引き」が分からないという方はいないと思いますが、つまり、①母集団に含まれる全ての個体に番号をつけ、②その番号をつけたクジを容器に入れてかき回し、③必要な標本サイズを満たすだけの個体を目隠しして取り出す、という方法です。

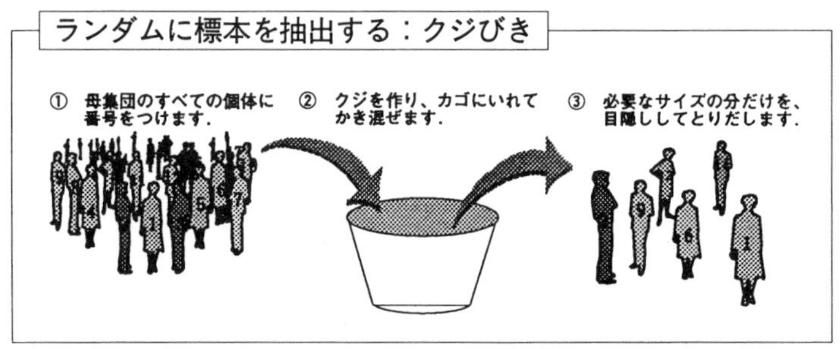

つまりここでいう「ランダム」とは、「全ての個体が等しい確率で抽出されうる」という条件を意味します。

実際には、母集団の全ての個体に番号をつけてクジ引きをするなど、そうやすやすと出来るものではありません。そこで、ランダムに標本を抽出するための方法が、「クジ引き」以外にもいろいろ考案されています。

〔解説 3〕統計的推定・検定

無作為（ランダム）に抽出された標本をもとに“母集団の特性を把握する”ための統計的な方法が、これから学ぶ推測統計学です。推測統計学にはいろいろな手法がありますが、代表的なものに**統計的推定・検定**があります。

〔解説 4〕仮説的無限母集団

母集団の本当の様子は、集団に属する全ての個体（人、あるいは物）を調べなければ、知ることはできません。しかしすでに述べたとおり、現実的にそれが無意味、あるいは不可能なケースが数多く存在します。先の品質管理、あるいは選挙予測は“現実的に無意味、不可能”の典型的な例といえるでしょう。

「すべての個体を調べる」のが不可能なもうひとつのケースとして、**仮説的無限母集団**という場合があります。

たとえば『医薬品のテスト』という場合をお考え下さい。医薬品をテストする場合、母集団として設定されるのは「その医薬品を用いるすべての人」です。「すべての人」というのは「将来用いる人」をも含みますから、この母集団はテストが行われる時点では存在しません。また薬は製造中止になるかもしれませんから、将来的にも存在するかどうかは分かりません。ここで問題になっているのは現実に存在する母集団ではなく、ある条件のもとに想定された架空の母集団です。このような母集団を、**仮説的無限母集団**といいます。

仮設的無限母集団は決して特異なケースではありません。そしてこの場合、例えどんなに必要であったとしても、「母集団の本当の様子を知る」ことは不可能です。つまり、この母集団の特徴を把握するには、推測統計学による以外に方法はありません。ですから仮説的無限母集団を扱う場合、推測統計学の果たす役割は特に重要といえます。

〔解説１〕標本統計量

母集団から抽出された標本(サンプル)の平均・分散・標準偏差などを、**標本(サンプル)統計量**といいます。母集団の統計量と標本統計量を区別するため、用語や記号を次のようにべつべつに定めます。

母集団		標本(サンプル)	
母集団サイズ	N	標本(サンプル)サイズ	n
母平均	m	標本平均	$\overline{x}$
母分散	$V=\sigma^2$	標本分散	$U=u^2$
母標準偏差	σ	標本標準偏差	u
母比率	P	標本比率	p

〔解説２〕標本平均の分布

ある市の中学２年男子生徒の身長を調べるため、全数調査を行いました。生徒数は全部で42,000人、身長の平均 m と標準偏差 σ はそれぞれ $m=161.0$ cm、$\sigma=4.2$ cm でした。表１は、階級幅を１ cm として度数分布を作成したものです。

ここでは全数調査を行ったわけですが、標本調査の場合はどうでしょうか。

仮にサンプルサイズ $n=15$ 人で調査し、標本平均 $\overline{x}=162.1$ cm、標本標準偏差 $u=8.9$ cm という結果が出たとします。このたった一回の調査結果をもとに推定や検定を行うわけです。標本統計量は母集団の統計量に一致するとは限りません。また標本調査を何回か行ったとしたら、それぞれの調査の結果は一致するとは限りません。では何を根拠に、たった一回の標本調査から推定や検定ができるのでしょうか。

表１

階級値	度数	相対度数(%)
149	84	0.2
150	210	0.5
151	336	0.8
152	462	1.1
153	672	1.6
154	966	2.3
155	1302	3.1
156	1764	4.2
157	2310	5.5
158	3024	7.2
159	3654	8.7
160	4116	9.8
161	4284	10.2
162	4032	9.6
163	3570	8.5
164	2982	7.1
165	2310	5.5
166	1806	4.3
167	1428	3.4
168	1008	2.4
169	714	1.7
170	420	1.0
171	336	0.8
172	168	0.4
173	42	0.1
計	42000	100.0

そこで、現実にはあり得ないことですが、数多くの標本調査を行ったとします。

例えば40回の標本調査を行ったとしたら、標本抽出を40回行うわけですから、標本平均も40個求められることになります。

求められた40個の標本平均の度数分布表を作成し、**表2**を得たとします。

標本平均の平均(これを**標本平均の期待値**といいます)を$E(\bar{x})$、標本平均の標準偏差を$D(\bar{x})$とすると、$E(\bar{x})=161.1$ cm、$D(\bar{x})=1.09$ cmとなります。

表2

階級値	度数	相対度数(%)
158	1	2.5
159	2	5.0
160	4	10.0
161	23	57.5
162	6	15.0
163	3	7.5
164	1	2.5
計	40	100.0

母集団の分布(**表1**)と標本平均の分布(**表2**)をグラフに描いてみると、次のようになります。

図1　母集団と標本平均の分布

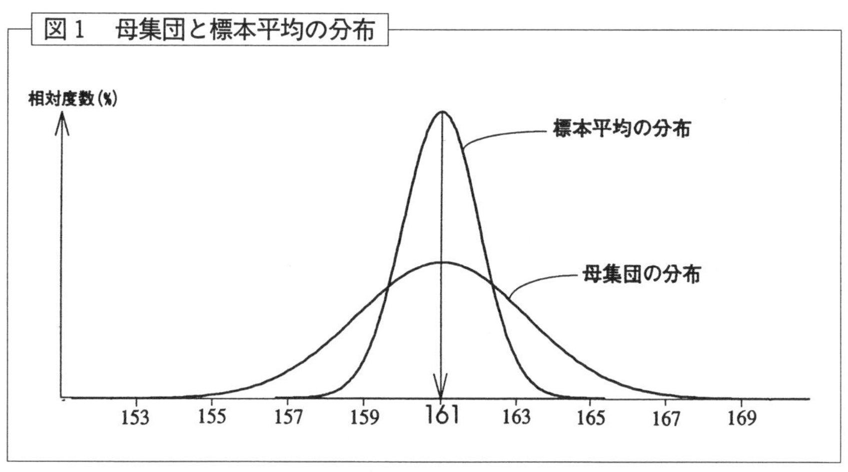

Ⅲ　推測統計学

母集団と標本の、平均値と標準偏差を比べてみます。

○平均値はほぼ等しくなっています。
$E(\bar{x})=161.1\text{ cm}$、$m=161.0\text{ cm}$　→　$E(\bar{x})\fallingdotseq m$　…①
○標準偏差は標本平均のほうが小さくなっています。
$D(\bar{x})=1.09\text{ cm}$、$\sigma=4.2\text{ cm}$
○標本平均の標準偏差 $D(\bar{x})$ は、母集団の標準偏差 σ をサンプルサイズの平方根 $\sqrt{n}$ で割った値にほぼ等しくなります。
$D(\bar{x})=1.09\text{ cm}$、$\dfrac{\sigma}{\sqrt{n}}=0.66\text{ cm}$　→　$D(\bar{x})\fallingdotseq\dfrac{\sigma}{\sqrt{n}}$　…②
○$E(\bar{x})$、$D(\bar{x})$ は40回の標本調査から求めた値ですが、標本調査の回数を増やしていくと、$E(\bar{x})$ は m に、$D(\bar{x})$ は $\dfrac{\sigma}{\sqrt{n}}$ に近づいていきます。

これを、中心極限定理といいます。

ちなみに42,000人から15人を選ぶ組み合わせは $42{,}000^{15}$ 通りあり、天文学的な数値になりますが、理論上、この $42{,}000^{15}$ 通りすべての組み合わせの標本平均と標本標準偏差を求めると、$E(\bar{x})$ は m に、$D(\bar{x})$ は $\sigma/\sqrt{n}$ に一致します。この原理によって、実際に行った標本調査がたった1回でも、その結果から推定や検定を行うことができるのです。

この原理を次の例で確かめてみましょう。

1）数字が書かれた4枚のカードがあります。

2	4	4	6

この4枚のカードを母集団として、母平均と母標準偏差を求めてみます。

母平均　$m=(2+4+4+6)\div 4=4$

母標準偏差　$\sigma=\sqrt{\{(2-4)^2+(4-4)^2+(4-4)^2+(6-4)^2\}\div 4}=\sqrt{2}$

2）1)の母集団から、サンプルサイズ2の標本抽出を行うことを考えます。

4枚のカードから2枚を取り出す組み合わせは$4^2=16$通りあります。標本抽出は普通は1回しか行いませんが、ここでは16回の標本抽出を行って、16通りの組み合わせ全てを1回ずつ抽出したものと仮定します。(一度取り出したカードは元に戻します。)

表3　標本平均

x_1 ＼ x_2	2	4	4	6
2	2	3	3	4
4	3	4	4	5
4	3	4	4	5
6	4	5	5	6

各々の標本平均を求めてみましょう。

2つのデータをx_1、x_2とすると、標本平均は$(x_1+x_2)\div 2$で求められます。**表3**より、標本平均の度数分布を作成します。

標本平均の期待値$E(\bar{x})$、標本平均の標準偏差$D(\bar{x})$を求めます。

標本平均 x_i	度数 f_i
2	1
3	4
4	6
5	4
6	1

$$E(\bar{x})=\frac{\sum x_i f_i}{\sum f_i}=\frac{2\times 1+3\times 4+4\times 6+5\times 4+6\times 1}{16}=\frac{64}{16}=4$$

$$D(\bar{x})=\sqrt{\frac{\sum (x_i-\bar{x})^2 f_i}{\sum f_i}}$$

$$=\sqrt{\frac{(2-4)^2\times 1+(3-4)^2\times 4+(4-4)^2\times 6+(5-4)^2\times 4+(6-4)^2\times 1}{16}}$$

$$=\sqrt{\frac{16}{16}}=1$$

3）1)と2)の結果から、次のことがわかります。

○平均値　$E(\bar{x})=4$、$m=4$　→　$E(\bar{x})=m$

○標準偏差　$D(\bar{x})=1$、$\sigma=\sqrt{2}$

$$\frac{\sigma}{\sqrt{n}}=\frac{\sqrt{2}}{\sqrt{2}}=1 \quad \rightarrow \quad D(\bar{x})=\frac{\sigma}{\sqrt{n}}$$

Ⅲ　推測統計学

〔解説３〕標本分散の分布

母分散 $V=\sigma^2$ を持つ母集団が正規分布に従うとき、ここから大きさ n の標本を抽出し、標本分散 u_1^2 を得たとします。この標本を元に戻したあと、また同じ母集団から大きさ n の標本を抽出し、別の標本分散 u_2^2 を得たとします。この作業を何回も繰り返し、標本分散 u_1^2、u_2^2、u_3^2、……を得たとします。

u_1^2、u_2^2、u_3^2、……の分布、すなわち標本分散の分布を作成します。

この分布の期待値(平均値)を計算し、母分散 σ^2 と比較してみます。

標本分散の期待値は母分散に一致することがわかります。ただしこのとき、**標本分散の分母は n ではなく、$(n-1)$ を用いる必要があります。**

このことを、先の１)の例を使って確かめてみましょう。

１)と同様に、16個の標本分散を求めます。ただし標本分散 u^2 は、

$u^2=\dfrac{\sum(x_i-\overline{x})^2}{n-1}$ によって計算します。(これを不偏分散といいます。)

２つのデータを x_1、x_2、これらの平均を $\overline{x}$ とすると、標本分散 u_2 は

$u_2=\dfrac{(x_1-\overline{x})^2+(x_2-\overline{x})^2}{2-1}=(x_1-\overline{x})^2+(x_2-\overline{x})^2$ となります。

16個の標本分散は、**表４**の通りです。

表４　標本分散

x_1 ＼ x_2	2	4	4	6
2	0	2	2	8
4	2	0	0	2
4	2	0	0	2
6	8	2	2	0

標本分散の期待値は、16個の標本分散を平均した値です。

$0+2+2+8+2+0+0+2+2+0+0+2+8+2+2+0=32$

$E(u^2)=\dfrac{32}{16}=2$

期待値は先の例で求めた母分散に等しくなり、$E(u^2)=\sigma^2$ が証明されました。ここで標本分散の分母を $(n-1)$ でなく n とすると、標本分散の期待値は母分散に一致しません。
従って、標本分散の分母は n ではなく $(n-1)$ でなければなりません。

公　式

標本平均の性質（中心極限定理）

母集団が正規分布しているか、あるいはサンプルサイズ n が十分に大きい値のとき、標本平均 $\bar{x}$ の分布は、次の性質を持ちます。

①標本抽出を多数回繰り返すとき、得られる標本平均 $\bar{x}$ の期待値 $E(\bar{x})$ は、母平均 m に等しい。

$E(\bar{x})=m$

✍このことを「**標本平均は母平均の不偏推定値である**」といいます。

②標本平均 $\bar{x}$ の標準偏差 $D(\bar{x})$ は、母標準偏差 σ の $1/\sqrt{n}$ に等しい。

$D(\bar{x})=\frac{\sigma}{\sqrt{n}}$

✍$\frac{\sigma}{\sqrt{n}}$ を標準誤差(Standard Error)といいます。

③標本平均は、平均 m、標準偏差 $\frac{\sigma}{\sqrt{n}}$ の**正規分布**に従います。

図２　標本平均の分布

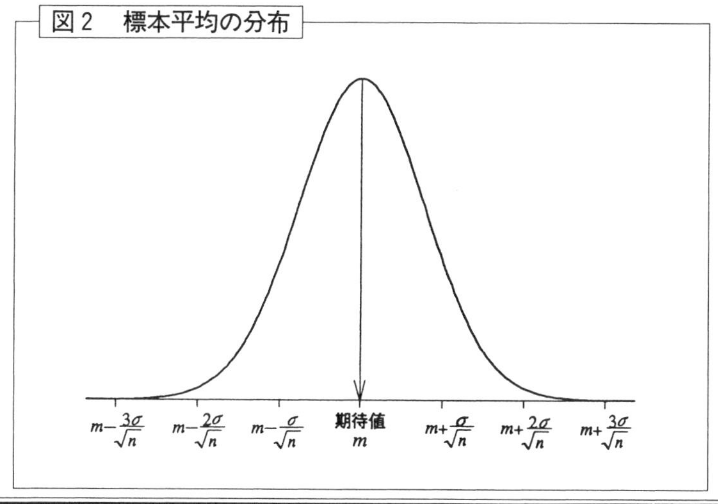

III　推測統計学

標本分散の性質

標本調査を多数回繰り返すとき、得られる標本分散は次の性質を持ちます。

○標本分散 u^2 の期待値 $E(u^2)$ は、母分散 σ^2 に等しくなります。

$$E(u^2)=\sigma^2$$

ただし、この式が成立するためには、標本分散 u^2 の分母は n ではなく $(n-1)$ でなければなりません。

$(n-1)$ を分母とする理論的根拠は先に述べましたが、直感的には次のように理解すれば良いと思います。n 個の測定値は相互に何の拘束条件もないので、平均を求めるときには n 個のデータの和をそのまま n で割ります。

ところが n 個のデータの**偏差の和**には、「0である」という束縛がかかっています。ということは、$(n-1)$ 個の偏差が決まると、残りの一つの偏差は自動的に決まってしまいます。言い換えれば“自由に決められる”偏差は $(n-1)$ 個というわけです。

標本分散はこの偏差から決まる代表値なので、その分母は n でなく $(n-1)$ を用います。

✎この $(n-1)$ を、自由度と呼ぶことがあります。

2. 標本統計量の分布

『**ここまで学んできたことは実際本当にそのとおりになるのか？**』とまだ少し疑問に思っている方々のために、実験をしてみることにします。といっても、例えば何千回、何万回もの標本調査を実際にやってみることは不可能なので、パソコンによるシミュレーションを行って確かめてみます。本文の該当部分を参照しながらご覧ください。

実験してみましょう【1】

50ページ**表 1** は、ある都市の中学 2 年男子生徒42,000人の身長を度数分布にしたものです。このデータは正規分布に従います。

【実験 1 - 1】表 1 のデータから $n=100$ の標本を抽出し、標本平均・標本標準偏差を求めます。

【実験 1 - 2】 $n=100$ の標本抽出を1000回行い、標本平均の度数分布を求め、度数多角形を作成します。また、標本平均の期待値・標準偏差を求めます。

ただし、母平均 $m=161.0$ cm、母標準偏差 $\sigma=4.2$ cm

【実験 1 - 1】

標本平均：161.39　標本標準偏差：0.39

【実験 1 - 2】

標本平均の平均 $E(\bar{x})=161.00$ 標本平均の標準偏差 $D(\bar{x})=0.41$

母集団の平均　$m=161.0$　母集団の標準偏差　$\sigma=4.2$　標本サイズ $n=100$

度数分布表

No.	階級の幅	階級値	度数	相対度数
1	158.86～159.19	159.02	0	0.00
2	159.19～159.52	159.35	1	0.00
3	159.52～159.85	159.68	2	0.00
4	159.85～160.18	160.01	16	0.02
5	160.18～160.51	160.34	103	0.10
6	160.51～160.84	160.67	244	0.24
7	160.84～161.16	161.00	299	0.30
8	161.16～161.49	161.33	192	0.19
9	161.49～161.82	161.66	118	0.12
10	161.82～162.15	161.99	22	0.02
11	162.15～162.48	162.32	3	0.00
12	162.48～162.81	162.65	0	0.00
13	162.81～163.14	162.98	0	0.00
		合計	1000	1.00

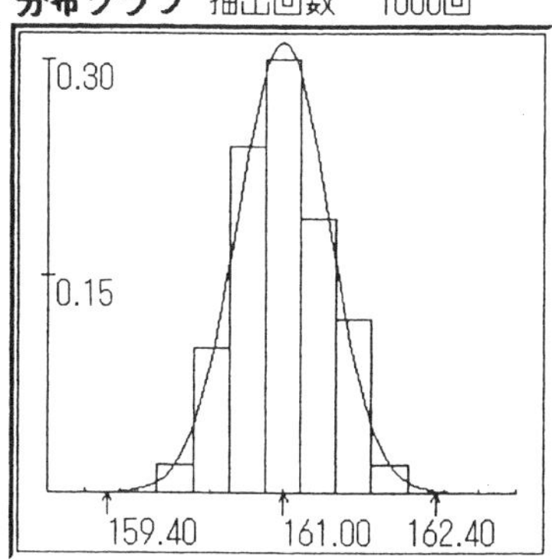

Ⅲ　推測統計学

実験してみましょう【2】

次の表は、生徒数2,000人の学校で、ある１ケ月間の遅刻回数を調べた結果です。<u>このデータは正規分布に従っていません。</u>

遅刻回数	0回	1回	2回	3回	4回	5回	6回
度　数	500	600	400	200	140	100	60

母平均 m＝1.71、母標準偏差 σ＝1.59

【実験２－１】 n＝10 の標本抽出を1000回行い、標本平均の度数分布をグラフ化します。

【実験２－２】 同様に n＝100 の標本抽出を1000回行い、標本平均の度数分布をグラフ化します。

【実験２－１】

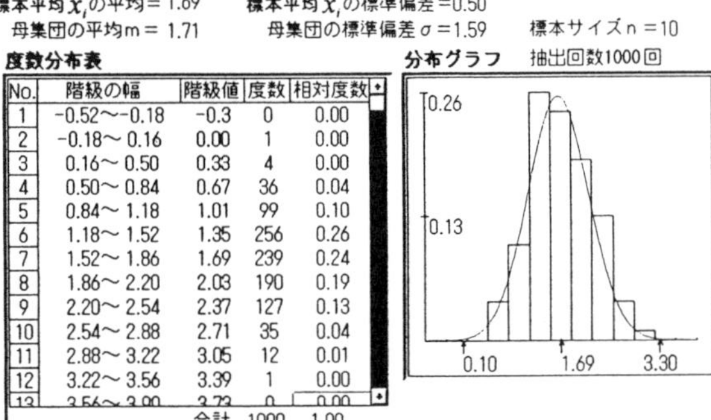

標本平均 $\overline{x_i}$ の平均＝1.69　　標本平均 $\overline{x_i}$ の標準偏差＝0.50

母集団の平均m＝1.71　　母集団の標準偏差 σ＝1.59　　標本サイズn＝10

度数分布表

No.	階級の幅	階級値	度数	相対度数
1	-0.52〜-0.18	-0.3	0	0.00
2	-0.18〜0.16	0.00	1	0.00
3	0.16〜0.50	0.33	4	0.00
4	0.50〜0.84	0.67	36	0.04
5	0.84〜1.18	1.01	99	0.10
6	1.18〜1.52	1.35	256	0.26
7	1.52〜1.86	1.69	239	0.24
8	1.86〜2.20	2.03	190	0.19
9	2.20〜2.54	2.37	127	0.13
10	2.54〜2.88	2.71	35	0.04
11	2.88〜3.22	3.05	12	0.01
12	3.22〜3.56	3.39	1	0.00
13	3.56〜3.90	3.73	0	0.00
		合計	1000	1.00

【実験２－２】

標本平均 $\overline{x_i}$ の平均＝1.71　　標本平均 $\overline{x_i}$ の標準偏差＝0.16

母集団の平均m＝1.71　　母集団の標準偏差 σ＝1.59　　標本サイズn＝100

度数分布表

No.	階級の幅	階級値	度数	相対度数
1	0.96〜1.06	1.01	0	0.00
2	1.06〜1.16	1.11	0	0.00
3	1.16〜1.26	1.21	6	0.01
4	1.26〜1.36	1.31	14	0.01
5	1.36〜1.46	1.41	37	0.04
6	1.46〜1.56	1.51	94	0.09
7	1.56〜1.66	1.61	196	0.20
8	1.66〜1.76	1.71	256	0.26
9	1.76〜1.86	1.81	219	0.22
10	1.86〜1.96	1.91	116	0.12
11	1.96〜2.06	2.01	40	0.04
12	2.06〜2.16	2.11	17	0.02
13	2.16〜2.26	2.21	3	0.00
		合計	1000	1.00

分布グラフ　抽出回数1000回

0.26　0.13　1.20　1.71　2.34

Ⅳ　統計的推定

1. 統計的推定の考え方

標本の特性から母集団の特性を推定することを、統計的推定といいます。

区間推定法　ある市の中学1年女子の生徒数は12,000人です。この市の中学1年女子の平均体重がわからないものとして、全数調査でなく標本調査によって、平均値を推定してみます。

サンプルサイズ $n=100$ 人、平均値 $\bar{x}=44.1$ kg、標準偏差 $u=3.9$ kg でした。

この市の中学1年女子の平均体重は44.1kgと考えてよいでしょうか。

抽出された生徒は、全体(母集団)のなかで体重の軽いほうかもしれませんし、重いほうかもしれません。たまたま抽出されたサンプルの平均をもって、全体(母集団)の平均であると言い切ってしまうのは危険です。そこで、得られた平均値に一定の幅を持たせます。つまり、この市の中学1年女子の平均体重は「○○ kg～△△ kg の間にある」という言い方で、母集団の平均値を推定するわけです。

このように、得られた標本統計量の値に幅を持たせ、母集団の統計量を推定する方法を、区間推定法といいます。

信頼区間　例えば「m_1 kg～m_2 kg の間にある」というとき、m_1 を下限値、m_2 を上限値といい、この二つではさまれた区間を信頼区間といいます。

精　度　信頼区間を2で割った値を精度といいます。これは推定の幅を表す値で、値が小さい方が「精度が良い」といいます。

信頼度　推定や検定は、母集団の一部(サンプル)をもとに結論を導くわけですから、結論が間違っている可能性もあるわけです。すなわち、統計的推定によって信頼区間を得たとしても、母集団の統計量がそこから外れている可能性もあるということです。そこで統計的推定・検定を行うときは、推定あるいは検定の結果がどの程度信頼できるかを、確率によって明らかにします。

推定の場合、この確率は信頼度とよばれ、母集団の統計量が信頼区間に含まれる確率を意味します。「信頼度95%」とは、「同じ推定を100回行ったとしたら5回間違う(＝母集団の統計量が信頼区間から外れる)可能性がある」という意味です。同様に「信頼度99%」とは、「同じ推定を100回行ったとしたら1回間違う可能性がある」という意味です。

Ⅳ　統計的推定

精度と信頼度の関係

統計的推定では、信頼度と信頼区間（あるいは精度）は裏腹な関係にあります。精度を良くしようとする（すなわち信頼区間を狭くする）と、信頼度は相対的に低くなります。また信頼度をあげようとする（すなわち信頼区間を広くする）と、精度は悪くなります。

信頼度と精度を同時にあげるためには、手っ取り早いやりかたとして「サンプルサイズを大きくする」という方法がありますが、サンプリングをやりなおさなければならないので、必ずしも現実的とはいえません。

通常は、得られた結果をもとに、信頼度と精度をすりあわせて結論を導くわけです。とはいっても結果が信頼できなければ推定した意味がないので、まず信頼度を95%、あるいは99%のいずれかに設定し、それに対応する信頼区間を求めます。

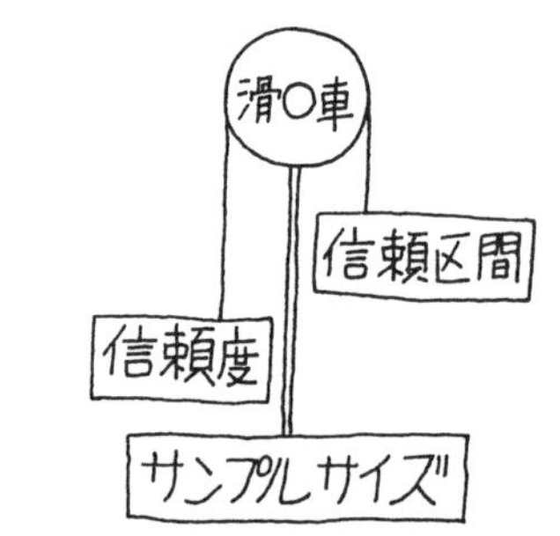

信頼度と信頼区間はうらはら

2．母平均の推定

母平均の推定は、条件の違いによって推定方法が決まります。条件は次の①～③の組み合わせにより、6通り存在します。

① 母集団の分布は正規分布か否か
② 母集団が正規分布している場合、母標準偏差 σ が既知か未知か
③ サンプルサイズが大きい(100以上)か小さい(100未満)か

母集団の分布 ＼ サンプルサイズ n	正規分布		正規分布以外の分布
	σ 既知	σ 未知	
$n \geqq 100$	Z 推定	Z 推定	Z 推定
$n < 100$	Z 推定	t 推定	母集団の分布に対応する固有の推定方法

〔解説1〕Z 推定

標準正規分布を利用する推定を、**Z 推定**と呼びます。ただし、この呼称は学術的に定着しているわけではありません。

母平均 m、母標準偏差 σ の母集団が正規分布しているとき、母標準偏差 σ が既知の場合の母平均の推定方法を考えてみます。

先に解説したように、標本平均は平均 m、標準偏差 $\sigma/\sqrt{n}$ の正規分布に従います。

ある標本の標本平均を $\bar{x}$ とします。

$\bar{x}$ を基準化すると、

$Z=(\bar{x}-m)\Big/\dfrac{\sigma}{\sqrt{n}}$ となります。

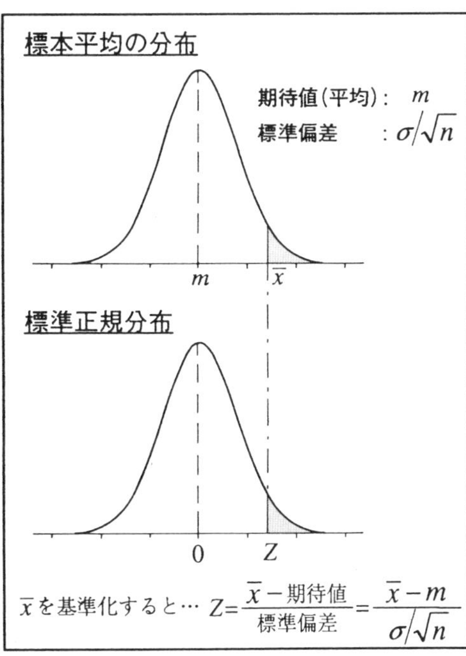

Ⅳ　統計的推定

Z は標準正規分布に従います。標準正規分布表より、Z が -1.96～1.96の値をとる確率は95%です。従って、次の不等式が成立します。

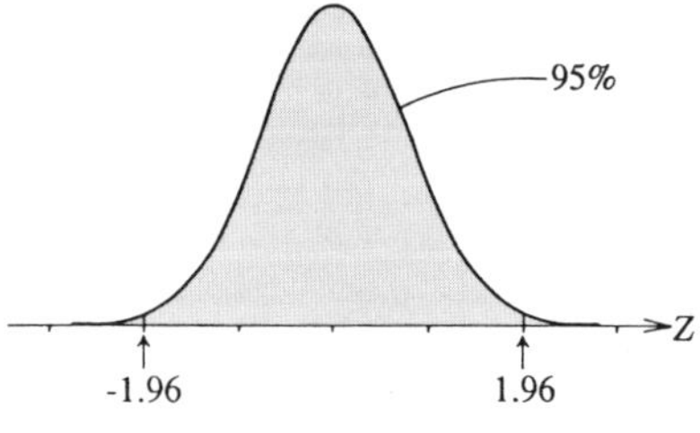

$-19.6 < Z = (\bar{x} - m) \Big/ \frac{\sigma}{\sqrt{n}} < 1.96$

変形すると、次の式になります。

$\bar{x} - 1.96\sigma/\sqrt{n} < m < \bar{x} + 1.96\sigma/\sqrt{n}$

母集団の標準偏差が未知であっても、サンプルサイズ n が十分に大きければ($n \geqq 100$)、標本標準偏差 u は母標準偏差 σ にほぼ一致することがわかっています。そこで、母平均の推定の公式(信頼度95%の場合)を次のように定義することができます。

下限値　　$m_1 = \bar{x} - 1.96u/\sqrt{n}$
上限値　　$m_2 = \bar{x} + 1.96u/\sqrt{n}$
　ただし、n は標本サイズ、$\bar{x}$ は標本平均、u は標本標準偏差.

信頼区間　　$m_2 - m_1 = 2 \times 1.96u/\sqrt{n}$

精度　　信頼区間÷2＝$1.96u/\sqrt{n}$
○標本サイズ n が大きいほど $u/\sqrt{n}$ の値は小さくなり、精度は良くなります。
○標本標準偏差 u が小さいほど $u/\sqrt{n}$ の値は小さくなり、精度は良くなります。

信頼度　　95%

一般式として定義すると、次のようになります。

公式：Z 推定

下限値　$m_1 = \bar{x} - Z(\alpha/2)\frac{u}{\sqrt{n}}$

上限値　$m_2 = \bar{x} + Z(\alpha/2)\frac{u}{\sqrt{n}}$

$Z(\alpha/2)$ は次のように決められる定数です。

信頼度	定　数
$100(1-\alpha)$%	$Z(\alpha/2)$
$100(1-0.01)=99$% $100(1-0.05)=95$%	$Z(0.01/2)=Z(0.005)=2.58$ $Z(0.05/2)=Z(0.025)=1.96$

✍α は、**有意水準**ともいいます。

✍$Z(\alpha/2)$ は、標準正規分布上で上側確率（中心0から遠い側の確率）が $\alpha/2$ となる横軸の値です。求め方は37ページをご覧ください。

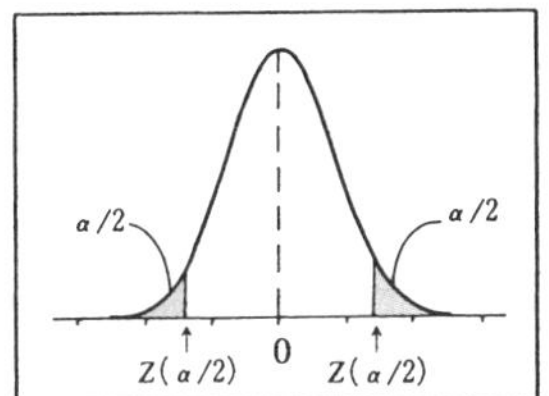

Ⅳ　統計的推定

〔解説 2〕 t 推定

母集団が正規分布に従っていても、母集団の標準偏差が未知で標本サイズ n が小さい(100以下)ときは、Z 推定ではなく t 推定を用います。

t 推定では、標準正規分布にかえて**ステューデントの t 分布**を用います。

用いる分布が違うのは、標本統計量の分布が異なるためです。

即ち、先程と同じように何百何千の標本から標本平均 $\bar{x}$ を得たとすると、標本サイズ n の値が小さいために、その基準値 $t=\dfrac{\bar{x}-m}{u/\sqrt{n}}$ は標準正規分布ではなく、**ステューデントの t 分布**という別の分布に従うわけです。

t 分布のかたちは標本サイズ n の値によって異なり、n の値が100に近いときは標準正規分布に良く似ていますが、n の値が小さくなるにつれてかたちがつぶれてきます。

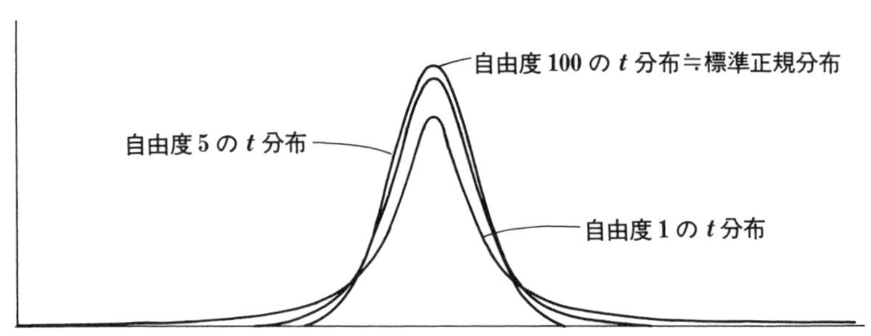

2．母平均の推定

t 推定のしくみは Z 推定と同じで、用いる分布が異なるだけです。そこで、62ページの公式をそのまま流用することができます。

公式：t 推定

下限値　$m_1 = \bar{x} - t(n-1,\ \alpha/2) \times \dfrac{u}{\sqrt{n}}$

上限値　$m_2 = \bar{x} + t(n-1,\ \alpha/2) \times \dfrac{u}{\sqrt{n}}$

この式は、Z 推定の公式における $Z(\alpha/2)$ を $t(n-1,\ \alpha/2)$ に置き換えただけです。

$t(n-1,\ \alpha/2)$ は、t 分布表で表側 $n-1$、表頭 $\alpha/2$ に該当する値です。右下の表でも分かるとおり、標本サイズ n が小さければ小さいほど定数 $t(n-1,\ \alpha/2)$ は大きくなり、同時に $u/\sqrt{n}$ も大きくなるため、信頼区間が相乗的に広く(即ち精度が悪く)なります。

標本サイズ n が100以上の場合、t 分布は**標準正規分布**に一致します。従って Z 推定を適用することになり、定数は一定(例えば信頼度95％なら1.96)となります。

○信頼度95％での t 値

n	$t(n-1,\ \alpha/2)$
80	$t(79,\ 0.025)=1.99$
50	$t(49,\ 0.025)=2.010$
30	$t(29,\ 0.025)=2.045$
20	$t(19,\ 0.025)=2.093$
10	$t(9,\ 0.025)=2.262$

Ⅳ　統計的推定

〔解説３〕t 分布表の見方

下の t 分布表は、図の斜線部分の確率 α と、自由度 f に対する t の値を示したものです。

●t 分布

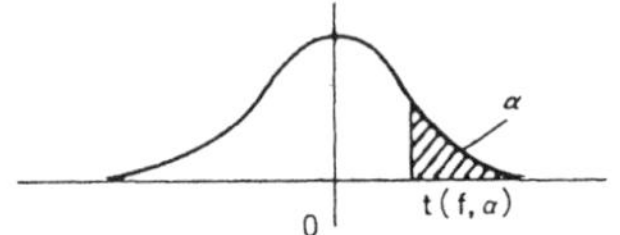

●t 分布表　　自由度 f　確率 α

f ＼ α	0.100	0.050	0.025	0.010	0.005
0.5	10.27	41.14	164.56	1028.5	4114.0
1	3.078	6.314	12.706	31.821	63.657
2	1.886	2.920	4.303	6.965	9.925
3	1.638	2.353	3.182	4.541	5.841
4	1.533	2.132	2.776	3.747	4.604
5	1.476	2.015	2.571	3.369	4.032
6	1.440	1.943	2.447	3.143	3.707
7	1.415	1.895	2.365	2.998	3.499
8	1.397	1.860	2.306	2.896	3.355
9	1.383	1.833	2.262	2.821	3.250
10	1.372	1.812	2.228	2.764	3.169
11	1.363	1.796	2.201	2.718	3.106
12	1.356	1.782	2.179	2.681	3.055
13	1.350	1.771	2.160	2.650	3.012
14	1.345	1.761	2.145	2.624	2.977
15	1.341	1.753	2.131	2.602	2.947
16	1.337	1.746	2.120	2.583	2.921
17	1.333	1.740	2.110	2.567	2.898
18	1.330	1.734	2.101	2.552	2.878
19	1.328	1.729	2.093	2.539	2.861
20	1.325	1.725	2.086	2.528	2.845

(例)　$f=10$、有意水準 $\alpha=0.05$ のときの t の値を、

$t=t(f,\ \alpha/2)$ と、$t=t(f,\ \alpha)$

の場合について求めてみます。

●$t=t(f,\ \alpha/2)=t(10,\ 0.05/2)=t(10,\ 0.025)=2.228$

↑

表側の10の行、表頭0.025列の交わったところの値

●$t=(f,\ \alpha)=t(10,\ 0.05)=1.812$

↑

表側10の行、表頭0.05の列の交わったところの値

〔解説 4〕有限母集団の推定

社員26人のとある会社で、一日一人あたり平均何本のタバコを吸っているのか調査することにしました。たった26人といっても、仕事の合間をぬっての調査はなかなか大変です。結局一人だけはどうしてもつかまらないので、他の25人のデータをもとに推定することにしました。

25人の平均喫煙本数 $\bar{x}=7$ 本、標準偏差 $u=4$ 本でした。では推定してみましょう。

$n<100$ なので、t 推定の公式を適用します。

信頼度95%とすると、

$$\bar{x}\pm t(n-1,\ \alpha/2)\times\frac{u}{\sqrt{n}}=7\pm t(25-1,\ 0.025)\times\frac{4}{\sqrt{25}}=7\pm 2.064\times\frac{4}{5}=7\pm 1.7$$

これよりこの会社の平均喫煙本数は、信頼度95%で5.3本から8.7本の間にあることが分かりました。しかし26人のうち25人も調べたのに、推定の幅がこんなにあるなんておかしくはないでしょうか？

標本サイズが同じ25人でも、26人のうちの25人を調査したときと100,000人のうちの25人を調査したときでは、得られた信頼区間の意味は当然異なるはずです。そこで、母集団のサイズを信頼区間に反映させることを考えてみます。

母集団は、大きさが**有限の場合**と**無限の場合**に分けて考えることができます。いままでみてきた推定の公式は、極端に大きい有限母集団、あるいは、無限母集団に適用するためのものでした。それほど大きくない有限母集団の推定の場合は、次の公式によって精度を上げることができます。

公式：母平均の推定（有限母集団）

$$\bar{x}\pm Z(\alpha/2)\frac{u}{\sqrt{n}}\times\sqrt{\frac{N-n}{N-1}}、\ \bar{x}\pm t(n-1,\ \alpha/2)\frac{u}{\sqrt{n}}\times\sqrt{\frac{N-n}{N-1}}$$

これは先程の Z 推定、t 推定の公式に、**有限母集団修正項** $\sqrt{\frac{N-n}{N-1}}$ を乗じたものです。

Ⅳ　統計的推定

ではもう一度、この公式で平均喫煙本数を推定してみましょう。

$$\bar{x} \pm t(n-1,\ \alpha/2)\frac{u}{\sqrt{n}} \times \sqrt{\frac{N-n}{N-1}} = 7 \pm 1.7 \times \sqrt{\frac{26-25}{26-1}} = 7 \pm 1.7 \times 0.2$$
$$= 7 \pm 0.3$$

この会社の平均喫煙本数は、信頼度95％で6.7本から7.3本といえることがわかります。有限母集団修正項を乗じることによって、信頼幅が狭くなり、推定の精度が良くなりました。

もし26人全員を調べていれば、修正項の値は $\sqrt{\frac{N-n}{N-1}} = \sqrt{\frac{26-26}{26-1}} = 0$ となり、平均喫煙本数は $7 \pm 0 = 7$ 本となります。

逆にこの会社が社員100,000人の巨大企業だとしたら、修正項の値は $\sqrt{\frac{N-n}{N-1}} = \sqrt{\frac{100{,}000-25}{100{,}000-1}} = \sqrt{\frac{99{,}975}{99{,}999}} \fallingdotseq 1$ となります。有限母集団であっても、サイズが極端に大きい場合は無限母集団と同じに扱って良いということがわかります。

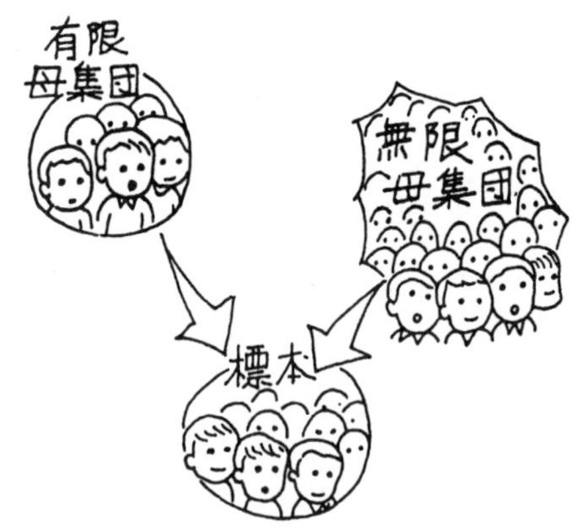

公　式

	サイズ	平　均	標準偏差
母集団	N	m	σ
標　本	n	$\bar{x}$	u

✎σ の分母は N、u の分母は $n-1$ です。

有意水準	信頼度	Z 推定の定数	t 推定の定数
α	$100(1-\alpha)\%$	$Z(\alpha/2)$	$t(n-1,\ \alpha/2)$
0.01	$100(1-0.01)=99\%$	$Z(0.005)=2.58$	n の値により異なる
0.05	$100(1-0.05)=95\%$	$Z(0.025)=1.96$	

	無限母集団 サイズが大きい有限母集団	サイズが小さい有限母集団
① Z推定	$\bar{x}\pm Z(\alpha/2)\frac{u}{\sqrt{n}}$	$\bar{x}\pm Z(\alpha/2)\frac{u}{\sqrt{n}}\times\sqrt{\frac{N-n}{N-1}}$
② t推定	$\bar{x}\pm t(n-1,\ \alpha/2)\times\frac{u}{\sqrt{n}}$	$\bar{x}\pm t(n-1,\ \alpha/2)\frac{u}{\sqrt{n}}\times\sqrt{\frac{N-n}{N-1}}$

✎一般に、サイズ100,000以上の有限母集団は「サイズが大きい」と見なします。

✎母標準偏差 σ が既知の場合、標本サイズ n に関わらず u を σ に置き換えて公式①を適用します。

Ⅳ　統計的推定

例題　7

ある田の稲穂100本の粒数を調査しました。１本の穂の平均粒数は68.3粒、標準偏差は18.7粒でした。この田の稲穂１本あたりの平均粒数を、信頼度95％で推定しなさい。

【解　答】

○標本調査の結果

標本(サンプル)サイズ $n=100$(本)

標本平均 $\overline{x}=68.3$(粒)

標本標準偏差 $u=18.7$(粒)

○$n \geqq 100$ なので、公式①を適用します。

○無限母集団なので、修正項は不要です。

○信頼区間を求めます。

$$\overline{x} \pm Z(\alpha/2)\frac{u}{\sqrt{n}}=68.3\pm1.96\times\frac{18.7}{\sqrt{100}}=68.3\pm3.67$$

●結論

稲穂１本あたりの平均粒数は、信頼度95％で64.6粒から72.0粒のあいだにあるといえます。

例題　8

生徒数1,000人の小学校で、10人の児童をランダムに選び出し、う歯(虫歯)の数を調べました。次表はその結果です。この小学校の児童一人当たりのう歯の本数を、信頼度95%で推定しなさい。

No.	1	2	3	4	5	6	7	8	9	10
う歯の数	3	5	4	6	5	4	0	1	7	5

【解　答】

○標本調査の結果

標本(サンプル)サイズ $n=10$

標本平均 $\overline{x}=\sum x_i/10=40\div 10=4.0$

標本分散 $u^2=\dfrac{\sum(x_i-\overline{x})^2}{n-1}=\dfrac{42}{9}=4.67$

標本標準偏差 $u=\sqrt{4.67}=2.16$

No.	x_i	$x_i-\overline{x}$	$(x_i-\overline{x})^2$
1	3	−1	1
2	5	1	1
3	4	0	0
4	6	2	4
5	5	1	1
6	4	0	0
7	0	−4	16
8	1	−3	9
9	7	3	9
10	5	1	1
計	$\sum x_i$ 40	$\sum(x_i-\overline{x})$ 0	$\sum(x_i-\overline{x})^2$ 42

○$n<100$ なので、公式②を適用します。

○有限母集団なので、修正項を用います。

$$\overline{x}\pm t(n-1,\ \alpha/2)\frac{u}{\sqrt{n}}\times\sqrt{\frac{N-n}{N-1}}$$

$$=4\pm t(9,\ 0.025)\times\frac{2.16}{\sqrt{10}}\times\sqrt{\frac{1000-10}{1000-1}}$$

$$=4\pm 2.262\times 0.683\times 0.995$$

$$=4\pm 1.54$$

下限　$4-1.54=2.46$→(切り下げ)…2.4本

上限　$4+1.54=5.54$→(切り上げ)…5.6本

●結論

児童一人当たりのう歯の数は、信頼度95%で2.4本から5.6本の間にあるといえます。

Ⅳ　統計的推定

テスト　6

　ある工場で生産される製品一個あたりの重さは、過去の資料から標準偏差がおよそ２ｇであることが分かっています。ある日の製品20個をランダムに取り出して重さを調べたところ、平均9.5ｇでした。製品一個あたりの重さを信頼度95％で推定しなさい。

（　　　）…3点、合計30点

【解　答】

○標本調査の結果

　標本(サンプル)サイズ $n=20$(個)

　標本平均 $\bar{x}=$(　　　)g

○$n<100$ ですが、母標準偏差がわかっているので、公式(　　　)が適用できます。

$$\begin{bmatrix} 1.\ \bar{x}\pm Z(\alpha/2)\dfrac{\sigma}{\sqrt{n}} \\ 2.\ \bar{x}\pm t(n-1,\ \alpha/2)\times\dfrac{\sigma}{\sqrt{n}} \end{bmatrix} = (\quad)\pm(\quad)\times\frac{(\quad)}{(\quad)}=(\quad)\pm(\quad)$$

●結論

　製品一個あたりの重さは、信頼度95％で(　　　)ｇから(　　　)ｇのあいだにあるといえます。

テスト 7

ある溶液のpH(水素イオン濃度)を5回測定して、次の結果を得ました。

6.82	6.87	6.84	6.83	6.84

この溶液の水素イオン濃度を、信頼度95%で推定しなさい。

(　　　)…3点、〈　　　〉…1点、合計70点

【解　答】

○nは〔1．大標本($n \geqq 100$)、2．小標本($n < 100$)〕→(　　)なので、公式〔1．Z推定、2．t推定〕→(　　)を適用します。

○無限母集団なので、修正項を適用〔1．します　2．しません〕→(　　)。

○標本調査の結果

標本(サンプル)サイズ $n=5$

標本平均 $\bar{x}=$(　　　)

標本分散

$$u^2=\frac{\sum(x_i-\bar{x})^2}{n-1}=\frac{(\quad)}{4}=(\quad)$$

標本標準偏差 $u=\sqrt{(\quad)}=(\quad)$

No.	x_i	$x_i-\bar{x}$	$(x_i-\bar{x})^2$
1	6.82	〈　　〉	〈　　〉
2	6.87	〈　　〉	〈　　〉
3	6.84	〈　　〉	〈　　〉
4	6.83	〈　　〉	〈　　〉
5	6.84	〈　　〉	〈　　〉
計	$\sum x_i$ (　　)	$\sum(x_i-\bar{x})$ (　　)	$\sum(x_i-\bar{x})^2$ (　　)

○公式は

$$\left[\begin{array}{l} 1．\ \bar{x} \pm Z(\alpha/2)\dfrac{u}{\sqrt{n}} \\ 2．\ \bar{x} \pm t(n-1,\ \alpha/2)\dfrac{u}{\sqrt{n}} \end{array}\right] \rightarrow (\qquad)$$

○信頼区間を求めます。

$$(\quad)\pm(\quad)\times\frac{(\quad)}{\sqrt{(\quad)}}=(\quad)\pm(\quad)$$

●結論

この溶液の水素イオン濃度は、信頼度95%で(　　　)から(　　　)のあいだにあるといえます。

3．母比率の推定

〔解説１〕比率

ある集団の喫煙状況を調査したとします。

一人あたりの平均喫煙本数を知りたい場合、合計喫煙本数を総人数で割れば、II章で学んだ平均値が得られます。

喫煙本数ではなく「どのくらいの人が喫煙するか」を知りたい場合、喫煙者の数を求め、総人数で割ると、喫煙者が全体に占める割合が分かります。この値がこれから学ぶ**比率**です。比率は平均値とともに良く用いられる代表値の一つです。

５人の集団について、次のデータを得たとします。

No.	1	2	3	4	5
喫煙本数	10	0	20	0	0
喫煙の有無	○	×	○	×	×

○…喫煙する、×…喫煙しない

喫煙本数の平均：合計喫煙本数÷総人数＝30/5＝6（本）
喫煙者の比率　：喫煙者数÷総人数＝2/5＝0.4 ←（喫煙率は40％）

No.	x_i	$x_i-\bar{x}$	$(x_i-\bar{x})^2$
1	10	4	16
2	0	−6	36
3	20	14	196
4	0	−6	36
5	0	−6	36
計	$\sum x_i$ 30	$\sum(x_i-\bar{x})$ 0	$\sum(x_i-\bar{x})^2$ 320

喫煙本数の標準偏差を求めます。

平均 $\bar{x}=\dfrac{30}{5}=6$（本）

分散 $u^2=\dfrac{320}{5}=64$

標準偏差 $u=\sqrt{64}=8$（本）

3．母比率の推定

同様に比率の標準偏差を求めます。ただし喫煙者(○)を1、非喫煙者(×)を0と考えます。

No.	x_i	$x_i-\overline{x}$	$(x_i-\overline{x})^2$
1	1	$1-0.4=0.6$	0.36
2	0	$0-0.4=-0.4$	0.16
3	1	$1-0.4=0.6$	0.36
4	0	$0-0.4=-0.4$	0.16
5	0	$0-0.4=-0.4$	0.16
計	$\sum x_i$ 2	$\sum(x_i-\overline{x})$ 0	$\sum(x_i-\overline{x})^2$ 1.2

平均(＝比率) $\overline{x}=\frac{2}{5}=0.4$

分散　$u^2=\frac{1.2}{5}=0.24$

標準偏差　$u=\sqrt{0.24}=0.49$

比率の標準偏差は、次の公式によって簡単に求めることができます。

公式：比率の標準偏差

比率を p とするとき、

標準偏差 $u=\sqrt{p(1-p)}$

先の例で確かめてみましょう。

$p=0.4$

標準偏差 $u=\sqrt{p(1-p)}=\sqrt{0.4\times(1-0.4)}=\sqrt{0.24}=0.49$

証明は、巻末の**【もっと理解したい方へ】**をご覧ください。

視聴率って，信じていいの？

〔解説２〕標本比率の分布

東京都に住む20歳以上の男性100人をランダムに選び出し、喫煙者の割合、即ち**標本比率**をしらべたところ、0.38であったとします。

仮に同じ調査を何十回何百回も繰り返し、標本比率の分布を調べると、先の標本平均と同じように、**中心極限定理**が成立します。

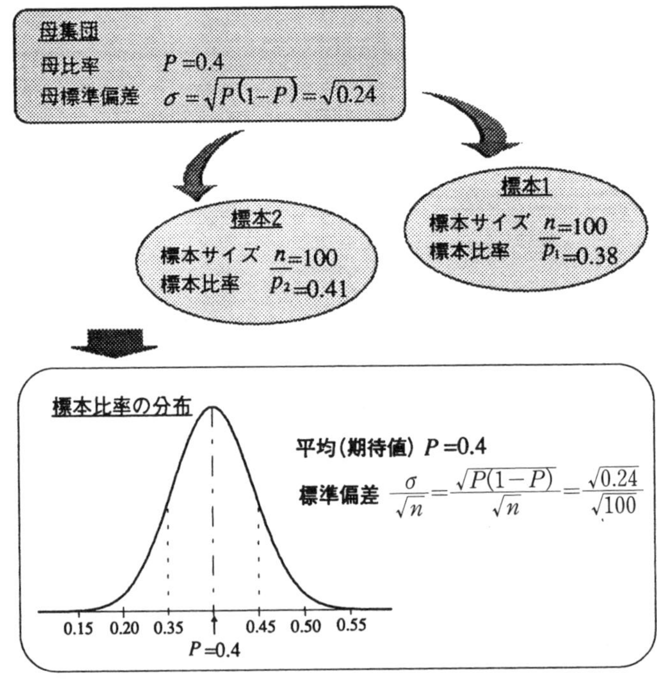

この定理は母集団の分布に関係なく成立することが分かっています。標本平均の場合、正規分布に従うのは標本サイズ n が 100 以上のときでしたが、標本比率の場合は n が 30 以上で正規分布に従います。なお、標本サイズが 30 未満のときは、t 分布ではなくまた別の分布に従います。

実験してみましょう【3】

標本比率の分布を、実験で確かめてみます。

10,000枚のカードがあり、そのうち6,000枚には1、4,000枚には0と書かれています。1のカードの母比率 $P=0.6$ です。

【実験3-1】　$n=30$ の標本をランダムに抽出し、1のカードの標本比率を求めます。

【実験3-2】　$n=30$ の標本抽出を1000回行い、標本比率を1000個求め、度数分布をグラフ化します。

【実験3-1】

1	0	0	1	0	0	1	0	1	1
0	1	0	0	1	0	1	0	0	1
0	0	1	1	1	0	0	0	0	1

標本比率＝13÷30＝0.43

【実験3-2】

標本比率の平均　＝0.60　標本比率の標準偏差＝0.09

1のカードの母比率P ＝0.60　標本サイズn ＝30

度数分布表

No.	階級の幅	階級値	度数	相対度数
1	0.14～0.21	0.18	0	0.00
2	0.21～0.28	0.25	0	0.00
3	0.28～0.35	0.32	3	0.00
4	0.35～0.42	0.39	20	0.02
5	0.42～0.49	0.46	70	0.07
6	0.49～0.56	0.53	190	0.19
7	0.56～0.64	0.60	433	0.43
8	0.64～0.71	0.67	192	0.19
9	0.71～0.78	0.74	77	0.08
10	0.78～0.85	0.81	15	0.01
11	0.85～0.92	0.88	0	0.00
12	0.92～0.99	0.95	0	0.00
13	0.99～1.06	1.02	0	0.00
		合計	1000	1.00

分布グラフ　抽出回数　1000回

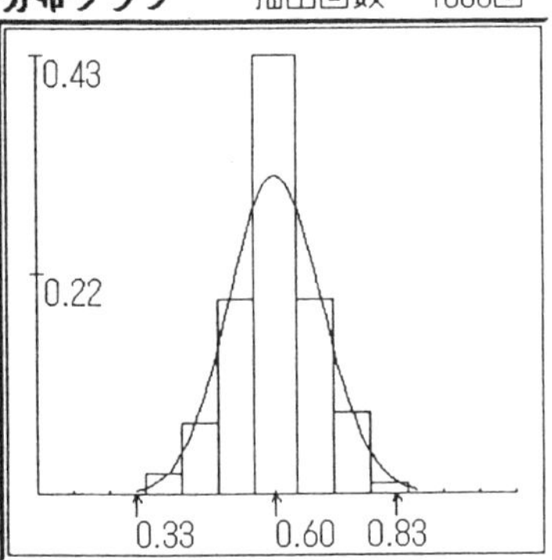

Ⅳ　統計的推定

実験してみましょう【4】

【3】と同じ10,000枚のカードで実験します。

【実験4－1】　n=10 の標本を抽出し、1のカードの標本比率を求めます。

【実験4－2】　n=10 の標本抽出を1000回行い、標本比率を1000個求め、度数分布をグラフ化します。

【実験4－1】

0	0	1	1	0	1	1	0	0	1

標本比率＝5÷10＝0.5

【実験4－2】

標本比率の平均　＝0.61　標本比率の標準偏差＝0.15

1のカードの母比率P ＝0.60　標本サイズn ＝10

度数分布表

No.	階級の幅	階級値	度数	相対度数
1	-0.23～-0.10	-0.2	0	0.00
2	-0.10～ 0.03	0.00	0	0.00
3	0.03～ 0.16	0.09	1	0.00
4	0.16～ 0.29	0.22	10	0.01
5	0.29～ 0.42	0.35	145	0.15
6	0.42～ 0.55	0.48	201	0.20
7	0.55～ 0.68	0.61	233	0.23
8	0.68～ 0.81	0.74	359	0.36
9	0.81～ 0.94	0.87	44	0.04
10	0.94～ 1.07	1.00	7	0.01
11	1.07～ 1.20	1.13	0	0.00
12	1.20～ 1.33	1.26	0	0.00
13	1.33～ 1.46	1.39	0	0.00
		合計	1000	1.00

分布グラフ　抽出回数　1000回

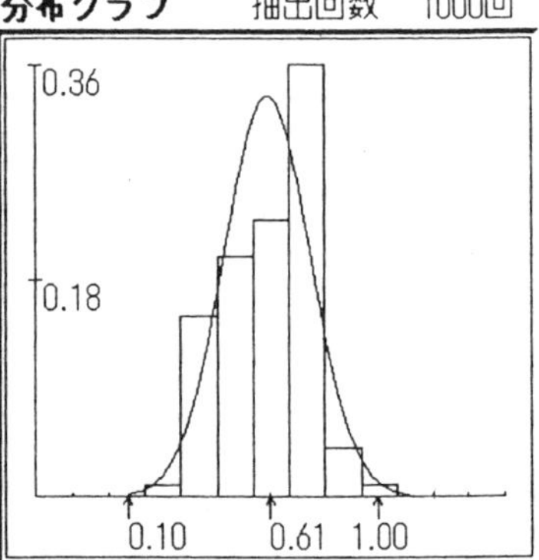

3．母比率の推定

〔解説3〕母比率の Z 推定

母比率の推定の場合、母集団の分布は正規分布になりません。しかし先程の実験でも見てきたように、母集団の分布に関わらず、標本サイズが30以上であれば、標本比率の分布は正規分布に従います。ただし標本サイズが30未満のときは、標本比率の分布も正規分布に従わなくなります。

従って、母比率の推定の公式は次の2種類となります。

$n \geqq 30$　Z 推定

$n < 30$　F 推定（**【もっと理解したい方へ】**を参照してください。）

Z 推定は、母平均の推定で解説した公式と同じなので、次によって定義されます。

公式：母平均・母比率の推定

〈母平均の推定〉

下限値 $m_1 = \overline{x} - Z(\alpha/2)\dfrac{u}{\sqrt{n}}$、　**上限値** $m_2 = \overline{x} + Z(\alpha/2)\dfrac{u}{\sqrt{n}}$

〈母比率の推定〉

下限値 $m_1 = \overline{p} - Z(\alpha/2)\dfrac{\sqrt{\overline{p}(1-\overline{p})}}{\sqrt{n}}$、

上限値 $m_2 = \overline{p} + Z(\alpha/2)\dfrac{\sqrt{\overline{p}(1-\overline{p})}}{\sqrt{n}}$

ただし標本比率 $\overline{p}$、標本比率の標準偏差 $u = \sqrt{\overline{p}(1-\overline{p})}$

POINT 有限母集団の場合は、母平均の推定と同様に有限母集団修正項を用います。

〈母比率の推定：有限母集団〉

$$\overline{p} \pm Z(\alpha/2)\frac{\sqrt{\overline{p}(1-\overline{p})}}{\sqrt{n}} \times \sqrt{\frac{N-n}{N-1}}$$

Ⅳ　統計的推定

公　式

	サイズ	比　率
母集団	N	P
標　本	n	$\overline{p}$

信頼度	Z 推定の定数
$100(1-\alpha)\%$	$Z(\alpha/2)$
$100(1-0.01)=99\%$	$Z(0.005)=2.58$
$100(1-0.05)=95\%$	$Z(0.025)=1.96$

無限母集団 サイズ大の有限母集団	サイズ小の有限母集団
$\overline{p}\pm Z(\alpha/2)\dfrac{\sqrt{\overline{p}(1-\overline{p})}}{\sqrt{n}}$	$\overline{p}\pm Z(\alpha/2)\dfrac{\sqrt{\overline{p}(1-\overline{p})}}{\sqrt{n}}\times\sqrt{\dfrac{N-n}{N-1}}$

例題　9

ある地域の有権者160人を調査したところ、40人が「△△政党を支持する」と回答しました。この地域の△△政党の支持率を、信頼度95％で推定しなさい。

【解　答】

○標本調査の結果

標本(サンプル)サイズ $n=160$ (人)　　標本比率 $\overline{p}=40\div160=0.25$

標本標準偏差 $u=\sqrt{\overline{p}(1-\overline{p})}=\sqrt{0.25\times(1-0.25)}=0.433$

○信頼度95％より、$Z(\alpha/2)=Z(0.025)=1.96$

$$\overline{p}\pm Z(\alpha/2)\frac{\sqrt{\overline{p}(1-\overline{p})}}{\sqrt{n}}=0.25\pm1.96\times\frac{0.433}{\sqrt{160}}=0.25\pm0.067$$

●結論

この地域の△△政党の支持率は、信頼度95％で18.3％から31.7％のあいだにあるといえます。

3．母比率の推定

テスト　8

ある都市で、50人を無作為に抽出してある商品の認知率を調査したところ、商品を知っている人が20人いました。この都市での商品の認知率を信頼度95％で推定しなさい。

（　　　）…5点、合計100点

【解　答】

○標本調査の結果

標本(サンプル)サイズ $n=(\qquad)$

商品の認知率(標本比率) $\bar{p}=\dfrac{(\qquad)}{(\qquad)}=(\qquad)$

標本標準偏差 $\sqrt{\bar{p}(1-\bar{p})}=\sqrt{(\qquad)\{1-(\qquad)\}}=\sqrt{(\qquad)}=(\qquad)$

○信頼度95％より、$Z(\alpha/2)=Z(0.025)=(\qquad)$

○信頼区間

$$\bar{p}\pm(\qquad)\frac{\sqrt{\bar{p}(1-\bar{p})}}{\sqrt{n}}=(\qquad)\pm(\qquad)\times\frac{(\qquad)}{\sqrt{(\qquad)}}$$

$$=(\qquad)\pm(\qquad)$$

下限値（　　　）、上限値（　　　）

●結論

この都市での商品認知率は、信頼度95％で(　　　)％から(　　　)％のあいだにあるといえます。

V　統計的検定

1．統計的検定の考え方

〔解説1〕次の例で考えてみましょう

❶ラーメンの大ファンである中村君は、ラーメン食べ歩き旅行を計画しています。ラーメンで有名な観光地はたくさんありますが、予算の都合から、平均価格が600円を超える観光地は行程から外すことにしました。

Pという観光地には、ラーメン店が12軒あります。全てのラーメン店に電話をかけ、醤油ラーメンの価格を調べ、平均価格を計算したところ$\bar{x}=620$円となりました。この観光地のラーメンは600円より高いでしょうか。計算してみると、

$\bar{x}-m_0=620-600=20$ 円

となります。この観光地のラーメンは600円より高いということがわかったので、別の観光地を選ぶことにしました。

❷中村君は、自分の住んでいる県全体の醤油ラーメンの平均価格が、600円より高いかどうかを調べました。電話帳を見てみると、ラーメン店は県全体で5,000店くらいあるようです。5,000店すべてに電話をかけるのは大変です。そこで電話帳からランダムに100店を選び、醤油ラーメンの価格を調べ、平均価格を算出することにしました。100店のラーメン店の平均価格は $\bar{x}=620$円となりました。同様に計算すると、

$\bar{x}-m_0=620-600=20$ 円

これより、この県全体のラーメンの価格は600円より高いと判断しました。

ところで、❶では $\bar{x}$ と m_0 を単純に比較し、ラーメンの値段が比較値より高いかどうかを判断しました。❶の場合はそれで何の問題もなかったわけですが、❷も同じように結論をくだしてよいでしょうか。

V　統計的検定

“なんだかちょっと違うようだ”と感じた方は、なかなか鋭いカンをしています。❷は、❶のように単純にはいきません。

❶では12軒のラーメン店を調べ、その12軒全体の価格を把握しています。このように集団全体を調べて特徴や傾向を把握するのが、既に見てきた**記述統計学**です。

ところで、❷では100軒のラーメン店を調べ、その結果から5,000軒全体のラーメンの価格を把握しようとしています。調査されたラーメン店の価格は、全体(5,000軒)の中の高い方かもしれないし、安い方かもしれません。たまたま選ばれた一部分の平均をもって、全体の平均であるといってしまうのは危険です。別の100軒を調べたら結果は違っていたかもしれません。

しかし同時に、「100軒を調べて得られた平均なのだから、5,000軒の本当の平均価格からそれほどかけ離れていないだろう」という推測もなりたちます。

ようするに、❷のように一部分だけを調べた結果から全体を把握しようとするときは、❶とは違った方法をとらなくてはなりません。これが**推測統計学**です。

〔解説２〕統計的推定を用いて❷を考えてみましょう

すでにお気づきの通り、❷の「県全体のラーメン店」5,000軒は、先に学んだ**母集団**にあたります。同様に、ランダムに選ばれた100軒のラーメン店は、先に学んだ**標本(サンプル)**にあたります。

❷の100軒分の標本平均をもとに、母集団5,000軒の平均がいくらなのか、実際に**統計的推定**を行って調べてみることにしましょう。

標本サイズ n、標本平均 $\bar{x}$、標本標準偏差 u は、それぞれ次の通りです。

$n=100$(軒)、$\bar{x}=620$(円)、$u=50$(円)

母平均の推定の公式より、

下限：$620-1.96\times\dfrac{50}{\sqrt{100}}=620-10=610$

上限：$620+1.96\times\dfrac{50}{\sqrt{100}}=620+10=630$

すなわち、この県全体のラーメンの平均価格は、信頼度95％で610円から630円のあいだにあるといえます。

〔解説３〕統計的推定を用いる統計的検定

❷の例は、県全体のラーメンの平均価格が m_0＝600(円)より高いかどうかを調べる問題でした。

いま、**統計的推定**によって、この県のラーメンの平均価格は610円から630円の間にあることがわかりました。この推定結果は、「この県全体のラーメンの平均価格は、610円を下回ることはない」ということを示しています。ということは、この推定結果から「この県のラーメンの平均価格は600円より高い」といえるわけです。**統計的検定**は、このように比較の結果を結論として導くための方法です。

統計的推定による検定を行う場合、推定結果と比較値をグラフにすると、簡単に結論を導くことができます。

❷の例をグラフにすると、**図１**のＡとなります。

図１　統計的推定を用いた検定

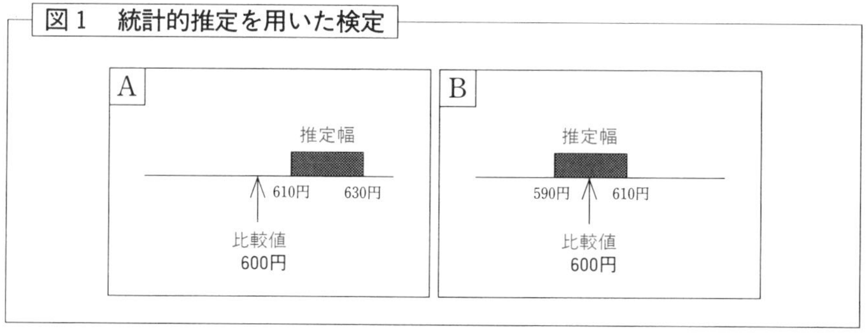

Ａでは比較値と推定幅が離れており、比較値は、推定された母集団の平均値より小さい値です。従ってＡの場合は、「母集団の平均値は比較値より大きいといえる」という結論を導くことができます。一方、例えば推定幅が「590円から610円のあいだ」となった場合は、図のＢのようになります。Ｂでは比較値と推定幅が重なっています。こうなると、「比較値より大きい(あるいは小さい)」とはいえません。

Ⅴ　統計的検定

〔解説４〕１標本の検定・２標本の検定

ここまでは推定結果を一定の値(比較値)と比較しましたが、次のような場合でも同様に比較することができます。ラーメンが好きな中村君に、もう一度登場してもらいましょう。

> ❸中村君は、自分の住んでいる県のラーメンの平均価格が隣の県より高いかどうかを調べたいと思いました。そこで、隣の県の電話帳からランダムに100県のラーメン店を選び出し、電話をかけて、醤油ラーメンの価格をききました。
> その結果、隣の県の醤油ラーメンの平均価格は610円、標準偏差は50円でした。

❷の場合と同様に、統計的推定を行ってみましょう。
標本サイズ n 、標本平均 $\bar{x}$ 、標準偏差 u は、次のとおりです。
$n=100$、$\bar{x}=610$ (円)、$u=50$ (円)
信頼度は❷の場合と同じく95%とします。従って定数は1.96です。
下限 m_1、上限 m_2 を求めます。

$$\text{下限 } m_1=610-1.96\times\frac{50}{\sqrt{100}}=610-10=600$$

$$\text{上限 } m_2=610+1.96\times\frac{50}{\sqrt{100}}=610+10=620$$

これより、隣の県の平均価格は、信頼度95%で600円から620円のあいだにあるといえます。

ラーメンの価格について、２つの県の推定結果が出そろいました。
中村君の住む県では、ラーメンの平均価格は、610円から630円の間です。
隣の県では、ラーメンの平均価格は、600円から620円の間です。
中村君の住む県の方が、隣の県よりも値段が高いといえるでしょうか？
グラフにすると、**図２**のようになります。

ちょっとみると、中村君の住む県のほうが値段が高いように思えます。しかし、もしかしたら中村君の県の平均価格は下限の610円かもしれませんし、隣の県の平均価格は上限の620円かもしれません。そこで結論としては、「2つの県で、ラーメンの平均価格に差があるとはいえない＝中村君の住む県のほうが隣の県よりラーメンの価格が高いとはいえない」ということになります。

図2　推定による2標本の比較

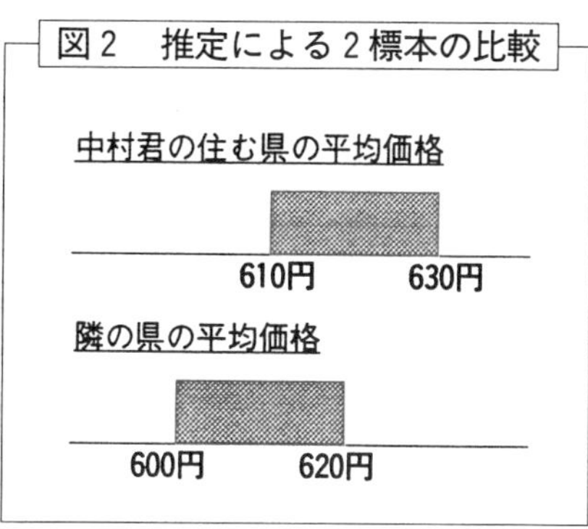

このように比較によって母集団の様子を推測するのが、統計的検定です。

統計的検定には、図1のように「ある一定の値と比較する場合」と、図2のように「2つの集団を比較する場合」の2種類があります。

図1の場合を1標本の検定、図2の場合を2標本の検定といいます。

どちらも、比較値あるいは推定幅が重ならないときは、「差がある(大きい、小さい)」という結論を出すことができます。比較値あるいは推定幅が重なったときは、「差がある」(あるいは大きい、小さい)とはいえません。

まとめると、次の図のようになります。

図3　1標本の検定・2標本の検定

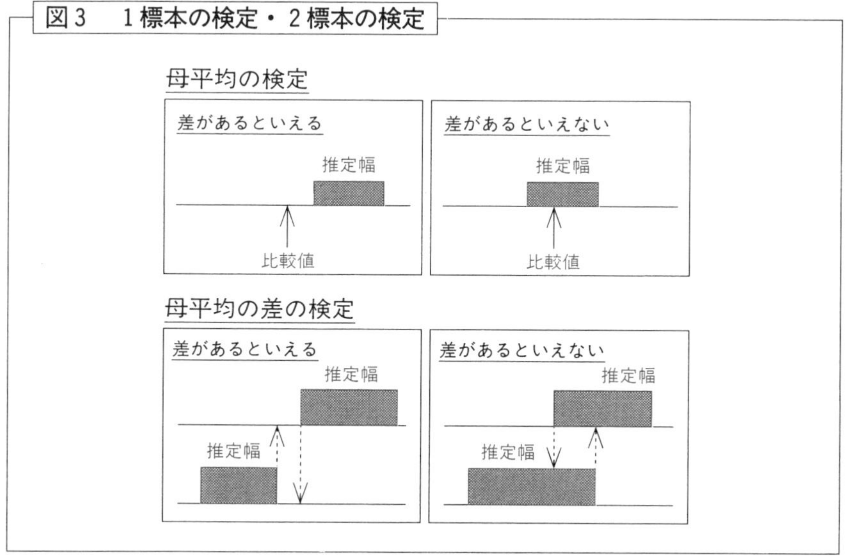

Ⅴ　統計的検定

〔解説５〕統計的検定の公式を用いて検定を行う

統計的検定は、いままで述べてきたように統計的推定を利用して行ってもかまいませんが、計算の簡便化、いろいろな公式の統一性などを考えた場合、これから述べる独自の検定方法を用いるほうが良いでしょう。

❷の例に母平均の検定の公式をあてはめてみます。

統計的検定の公式：母平均の検定

$$T=\frac{\overline{x}-m_0}{u/\sqrt{n}}$$

$T>1.64$ であれば、母平均は比較値 m_0 より大きいといえる。
$T<1.64$ であれば、母平均は比較値 m_0 より大きいといえない。

ここでの定数1.64は、統計的推定で用いた定数1.96と同じ考え方で導かれたものです。つまり、$T>1.64$ のときは、同じ検定を100回行ったとしたら５回間違う(本当は「大きいといえない」が正しいのだが、「大きいといえる」と結論する)可能性がある、という意味です。同様に T を2.33と比較して $T>2.33$ となれば、100回に１回間違う可能性がある、という意味です。

定数の意味は推定のときと同じですが、推定では“信頼度95％”というように“あたる確率”で表現するのに対して、検定では“間違う確率”で表現することが一般的です。この“間違う確率”を有意水準といい、“有意水準0.05”は“信頼度95％”と同じ意味です。

統計的検定も推定の場合と同じように、標本サイズ n と標本標準偏差 u が結果に影響することがわかります。

○T の値は、$\overline{x}$ と比較値 m_0 の差が大きければ、大きくなります。
○T の値は、標本サイズ n が大きければ大きくなります。
○T の値は、標本標準偏差 u が小さければ大きくなります。

従って、公式からもお分かりのように、$\overline{x}$ と比較値 m_0 との差がかなり大きくても、標本サイズ n の値が極端に小さいと、T の値が1.64(有意水準0.05)を上回らず、「母平均は比較値 m_0 より大きいといえない」という結論になることもありえます。

❷の例に検定の公式をあてはめてみましょう。

$n=100$ (軒)　　$\overline{x}=620$ (円)　　$u=50$ (円)　　$m_0=600$ (円)

$$T=\frac{620-600}{50/\sqrt{100}}=4$$

$T>1.64$ より、この県のラーメンの平均価格は比較値600円より高いといえます。

2．統計的検定のしくみ

〔解説１〕統計的検定のしくみ

実際に検定結果を読むときには、必ずしも統計的検定の理論的な背景を理解している必要はありません。しかし、検定の理論を理解することによって、検定結果の理解もより確実なものになります。

ここでは検定の手順を追いながら、統計的検定のしくみを学ぶことにしましょう。

統計的検定のしくみ

①帰無仮説、対立仮説、有意水準を設定します。
②標本を抽出します。
③標本平均・標本標準偏差を計算します。
④統計量 T の値を計算します。
⑤有意水準から導かれる棄却域の値と T 値を比較します。
⑥帰無仮説が棄却できるかどうか判断し、結論を導きます。

V　統計的検定

〔解説２〕帰無仮説・対立仮説

統計的検定では、まず最初に仮説をたてます。

仮説は必ず、帰無仮説、対立仮説の２つがたてられます。

仮説のたてかたには、次の２つの決まりがあります。

1．結論として導きたいことを**対立仮説**、対立仮説と背反する仮説を**帰無仮説**として設定します。

2．帰無仮説は、代表値と比較値（あるいは比較する２つの代表値）に「差がない」という仮説です。同様に、対立仮説は「差がある」という仮説です。

統計的検定ではこの２つの決まりに従って帰無仮説、対立仮説を設定し、**最終的に帰無仮説が“間違いである”として棄却されたとき、対立仮説を“正しい”ものとして採択する**という方法をとります。

ラーメンの例❷の場合、それぞれの仮説は次のようになります。

帰無仮説	：ラーメンの平均価格は、比較値600円に等しい。
対立仮説①	：ラーメンの平均価格は、比較値600円に等しくない。
対立仮説②	：ラーメンの平均価格は、比較値600円よりも高い。
対立仮説③	：ラーメンの平均価格は、比較値600円よりも低い。

帰無仮説は１つだけで、これ以外の仮説を帰無仮説とすることはできません。

対立仮説は①～③の３通りが考えられます。

①の場合“等しくない”というのは、“ラーメンの平均価格が600円よりも高いか低いかはわからないが、いずれにしても差がある”という意味です。この対立仮説のもとでの検定を、**両側検定**といいます。

②の“ラーメンの平均価格は600円より高い”あるいは③の“ラーメンの平均価格は600円より低い”という対立仮説のもとでの検定を、**片側検定**といいます。

②：ラーメンの平均価格は600円より高い

という対立仮説のもとでの検定を、特に**右側検定**といいます。この対立仮説のもとで検定を行った場合、万一ラーメンの平均価格が600円より低かったとしても、それを検出することはできません。

③：ラーメンの平均価格は600円より低い

という対立仮説のもとでの検定を、特に**左側検定**といいます。この対立仮説のもとで検定を行った場合、右側検定とは逆に、万一ラーメンの平均価格が600円より高くなったとしても、それを検出することはできません。

中村君は、ラーメンの平均価格が「600円より高いかどうか」を知りたいので、②の対立仮説のもとで右側検定を行うことになります。

仮説と両側・片側の対応

〈1標本の場合〉

帰無仮説　母集団の統計量Aは比較値 m_0 と差がない(等しい)。

$A = m_0$

背反 ↕

対立仮説　①母集団の統計量Aは比較値 m_0 と差がある。

$A \neq m_0$　**両側検定**

②母集団の統計量Aは比較値 m_0 より大きい。

$A > m_0$　**片側検定(右側)**

③母集団の統計量Aは比較値 m_0 より小さい。

$A < m_0$　**片側検定（左側)**

〈2標本の場合〉

帰無仮説　2つの母集団の統計量AとBには差がない（等しい)。

$A = B$

背反 ↕

対立仮説　①2つの母集団の統計量AとBに差がある。

$A \neq B$　**両側検定**

②統計量Aは統計量Bより大きい。

$A > B$　**片側検定(右側)**

③統計量Aは統計量Bより小さい。

$A < B$　**片側検定(左側)**

V　統計的検定

〔解説3〕統計量 T

標本平均・標本標準偏差から、統計量 T を算出します。

平均値 $\bar{x}$ =620(円)、標本標準偏差 u=50(円)、標本サイズ n=100 より、

$$T=\frac{620-600}{50/\sqrt{100}}=4$$

この T 値は、次のような意味を持ちます。

統計的検定を行う際に必ず設定する**帰無仮説**は、先に述べたように、母平均と比較値に「差がない(=等しい)」という仮説です。

この例では、「ラーメンの平均価格は600円に等しい」という仮説です。

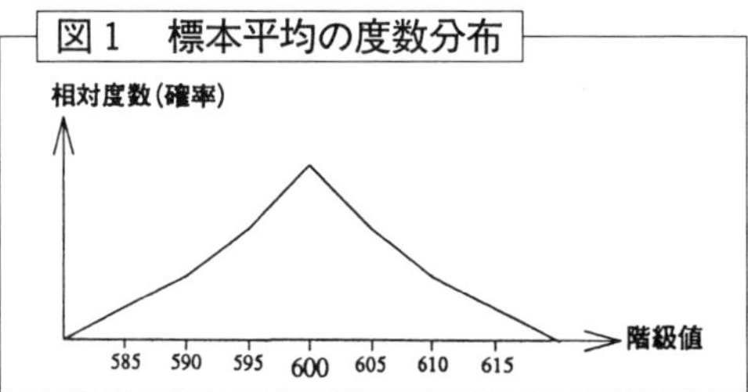

図1　標本平均の度数分布

この例で調査したのはたった1回ですが、例えば、同じ調査を何十回、何百回も行ったとしましょう。母平均が600円なら、ほとんどの標本平均は600円か、もしくは600円に近い値になるはずです。全ての標本平均の度数分布表を作成し、相対度数を求め、度数多角形を描いてみると、およそ図1のような形になります。

ここで、III章で学んだ標本平均の性質を思い出してください。

> 公式③：中心極限定理(再掲)
> 標本平均は、平均 m、標準偏差 $\sigma/\sqrt{n}$ の正規分布に従う。
> ただし m は母平均、σ は母標準偏差、n は標本サイズ

標本サイズが100以上なので、「母標準偏差は標本標準偏差に等しい」と仮定できます。帰無仮説より母平均は600円ですから、中心極限定理によって、帰無仮説のもとでの標本平均の分布が分かってしまいます。

即ち標本平均は正規分布に従い、標本平均の基準値は標準正規分布に従います。これを利用する検定をZ検定とよぶことがあります。

標本平均の分布を図にしてみましょう。

図２　帰無仮説のもとでの標本平均の分布

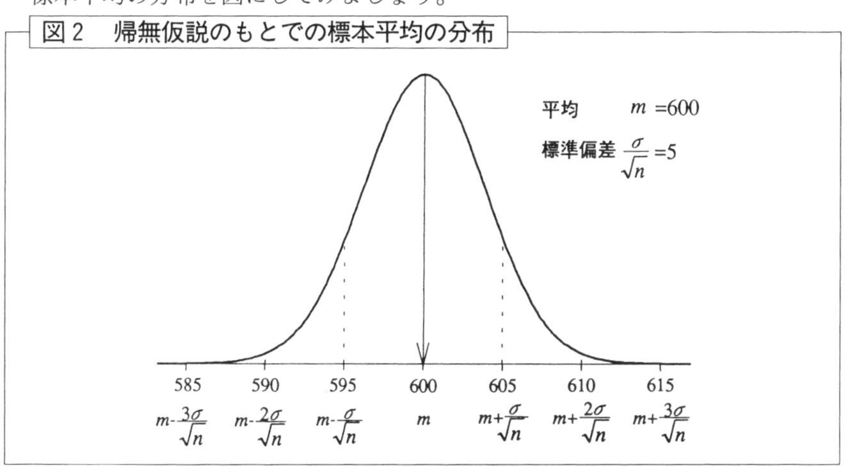

例②では、標本平均 $\bar{x}=620$ 円、標本標準偏差 $u=50$ 円でした。

そこで、たった一回の調査で得た標本平均 $\bar{x}=620$ 円が、帰無仮説のもとで起こりうる確率を調べます。この確率に対応する標準正規分布上の値が、統計量 T です。(II章参照.)

図３　統計量 T は、基準値です。

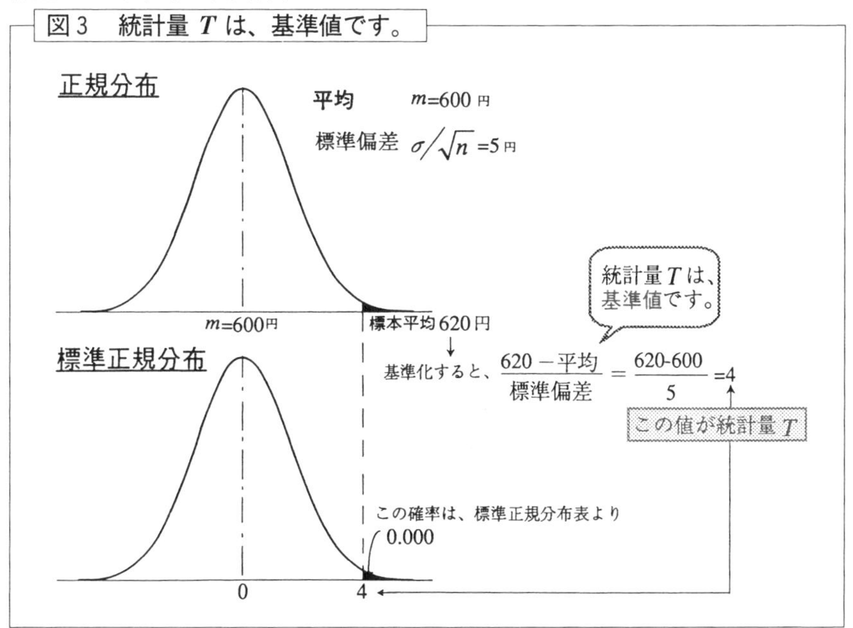

V　統計的検定

〔解説４〕有意水準と棄却域

中村君はサイズ100の標本を抽出し、標本平均620円を得たわけです。

そこで帰無仮説、つまり「ラーメンの平均価格は600円である」という仮説のもとで100軒を抽出したとき、平均価格が620円となる確率を考えます。その確率があまりにも小さければ、帰無仮説を間違いとして棄却し、対立仮説を採択することになります。

通常、帰無仮説を棄却する確率の目安は「0.05未満」、あるいは「0.01未満」に設定します。これを「有意水準0.05」あるいは「有意水準0.01」と言い表します。ここでは有意水準を0.05に設定しています。

有意水準は、いうまでもなく「確率」ですから、「有意水準0.05」に対応する標準正規分布の横軸上の範囲が存在します。この範囲を棄却域といい、通常は境界値となる横軸の値(統計量)で表します。

有意水準と棄却域は、どちらも帰無仮説を棄却する目安です。その目安を有意水準は確率、棄却域は統計量で表しています。

ようするに、分布の横軸上の値(すなわち統計量 T)は確率に対応しているのですから、わざわざ確率を算出するまでもなく、**棄却域の境界値と統計量 T を比較**すれば、「有意水準より確率が小さい(大きい)かどうか」がわかってしまうということです。図でみると、次のようになります。

図４　有意水準と棄却域

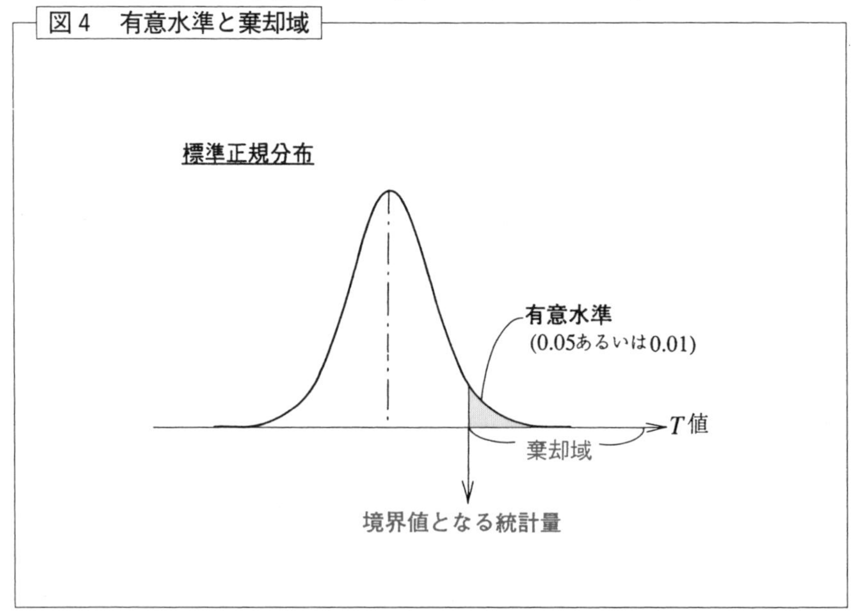

〔解説５〕統計量 T 値を比較する

棄却域は、有意水準と両側・片側(右・左)の別によって決まります。棄却域の設定、統計量 T 値と棄却域の比較方法も、それぞれ異なっています。

両側検定

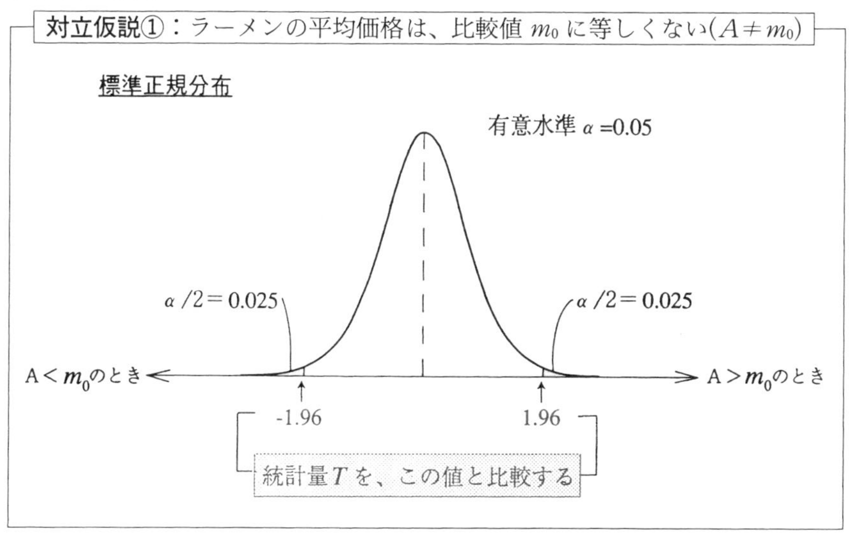

両側検定の場合、$A < m_0$ か $A > m_0$ かは問題になりません。従って、$A < m_0$ と $A > m_0$ の両方に対して、等しく棄却域を設定することになります。

有意水準0.05で両側検定を行う場合、$A < m_0$、$A > m_0$ の両方の確率を、それぞれ $\alpha/2 = 0.025$ ずつに設定します。この確率に対応する横軸の値を標準正規分布表で調べると、±1.96です。

標準正規分布は左右対称ですから、左右の棄却域の絶対値は必ず同じ値になります。そこで、両側検定の場合は得られた統計量 T の絶対値をとり、棄却域の絶対値と比較して、|統計量 T|＞|棄却域|であれば帰無仮説を棄却します。

V　統計的検定

片側検定(右側)

対立仮説②：ラーメンの平均価格は、比較値 m_0 より高い $(A > m_0)$

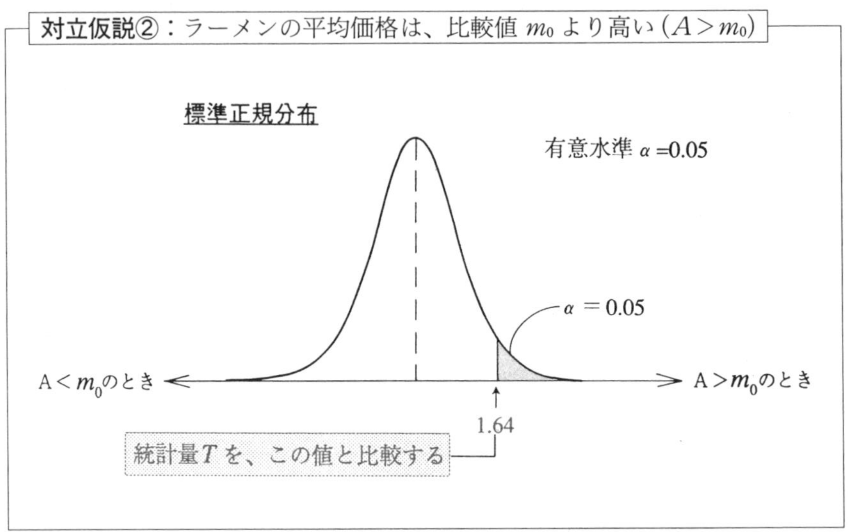

右側検定の場合、問題になるのは $A > m_0$ となる確率だけです。ですから $A > m_0$ となる部分、つまり分布の右側だけで、棄却域を設定すればよいわけです。

有意水準0.05に対応する棄却域を標準正規分布表で調べると、1.64となります。両側検定と比較してみると、有意水準は0.05のままですが、右側のみで0.05となるように設定しているため、対応する棄却域が異なることがわかります。

右側検定では統計量 T を単純にこの棄却域と比較し、統計量 $T >$ 棄却域であれば帰無仮説を棄却します。

片側検定（左側）

対立仮説③：ラーメンの平均価格は、比較値 m_0 より低い(A＜m_0)

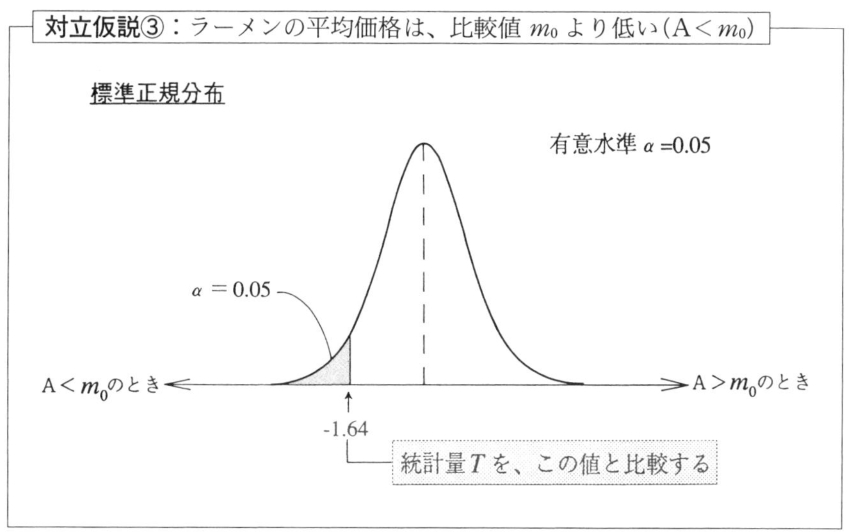

左側検定の場合、右側とは逆に、問題になるのはA＜m_0となる確率だけです。

この確率に対応する横軸の値は、−1.64となります。左側のみで有意水準0.05となるように設定しているので、右側の棄却域の符号を−(マイナス)にすると、左側の棄却域になることがわかります。

左側検定の場合、右側とは逆に、**統計量T＜棄却域**であれば帰無仮説を棄却します。

棄却域の設定をまとめると、**表1**のようになります。

表1　棄却域の設定〈標準正規分布〉

	有意水準	
	0.01(1％)	0.05(5％)
両側検定	$Z(\alpha/2)=Z(0.005)$ 2.58	$Z(\alpha/2)=Z(0.025)$ 1.96
片側検定	$Z(\alpha)=Z(0.01)$ 2.33	$Z(\alpha)=Z(0.05)$ 1.64

V　統計的検定

実験してみましょう【5】

10,000人の体重を測定したデータを、母集団とします。

母平均 $m=50$ kg、母標準偏差 $\sigma=5$ kg です。

【実験5-1】　$n=100$ の標本を抽出し、標本平均 $\bar{x}$ を求めます。得られた標本平均より、次の式によって統計量 T を求めます。

$$T=\frac{\bar{x}-m}{\sigma/\sqrt{n}}$$

【実験5-2】　$n=100$ の標本を1000抽出し、統計量 T を1000個求めます。求められた統計量 T の度数分布表を作成し、相対度数の度数多角形を描いてみます。

【実験5-1】　標本平均 $\bar{x}=51.125$、$T=0.25$

【実験5-2】

統計量Tiの平均=0.00　統計量Tiの標準偏差=1.01　統計量Tiの分布＝標準正規分布
標本サイズn＝100

度数分布表

No.	階級の幅	階級値	度数	相対度数
1	-4.75～-4.02	-4.4	0	0.00
2	-4.02～-3.29	-3.7	0	0.00
3	-3.29～-2.56	-2.9	9	0.01
4	-2.56～-1.83	-2.2	29	0.03
5	-1.83～-1.10	-1.5	89	0.09
6	-1.10～-0.37	-0.7	232	0.23
7	-0.37～ 0.36	0.00	281	0.28
8	0.36～ 1.09	0.73	230	0.23
9	1.09～ 1.82	1.46	95	0.09
10	1.82～ 2.55	2.19	28	0.03
11	2.55～ 3.28	2.92	5	0.00
12	3.28～ 4.01	3.65	2	0.00
13	4.01～ 4.74	4.38	0	0.00
		合計	1000	1.00

分布グラフ　抽出回数　1000回

0.28
0.14
-3.28　0.00　3.62

実験してみましょう【6】

実験 5 と同じ母集団で実験します。

$n=100$ の標本抽出を1000回行います。i 番目の標本の標本平均、標本標準偏差をそれぞれ $\overline{x}_i$、u_i とします。このとき、次の式で求められる統計量 $T_i(i=1\sim1000)$ の度数分布をもとに、相対度数の度数多角形を作成します。

ただし、$T_i=\dfrac{\overline{x}_i-m}{u_i/\sqrt{n}}$

POINT 【実験5-3】で作成した度数多角形と、ほぼ同じかたちになることがわかります

標本平均の平均＝-0.01　　標本平均の標準偏差＝1.02　　標本サイズn ＝100

度数分布表

No.	階級の幅	階級値	度数	相対度数
1	-4.69～-3.97	-4.3	0	0.00
2	-3.97～-3.25	-3.6	1	0.00
3	-3.25～-2.53	-2.9	3	0.00
4	-2.53～-1.81	-2.2	30	0.03
5	-1.81～-1.09	-1.5	110	0.11
6	-1.09～-0.37	-0.7	211	0.21
7	-0.37～ 0.35	0.00	300	0.30
8	0.35～ 1.07	0.71	196	0.20
9	1.07～ 1.79	1.43	109	0.11
10	1.79～ 2.51	2.15	32	0.03
11	2.51～ 3.23	2.87	8	0.01
12	3.23～ 3.95	3.59	0	0.00
13	3.95～ 4.67	4.31	0	0.00
		合計	1000	1.00

分布グラフ　抽出回数　1000回

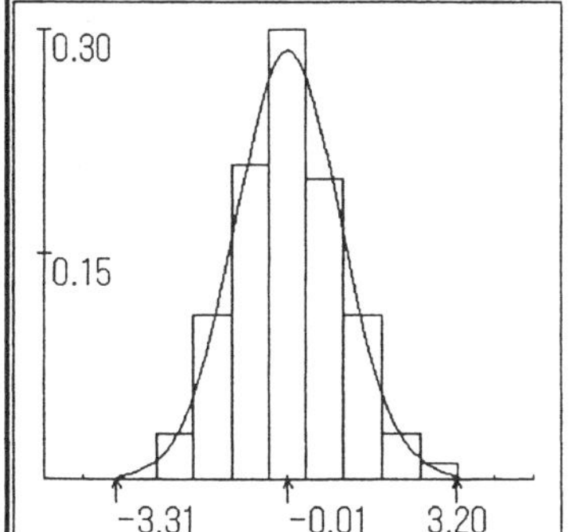

実験してみましょう【7】

実験5、6と同じ母集団から、標本を1000抽出します。標本サイズは下記の3通りです。**実験6**と同様に、統計量 $T_i(i=1\sim1000)$ の度数分布をもとに、相対度数の度数多角形を作成します。

【実験7-1】　$n=200$
【実験7-2】　$n=10$
【実験7-3】　$n=6$

POINT　$n=200$ の度数多角形は【実験5-3】で作成したものと同じかたちになります。n が100より小さくなると、かたちが扁平になってきます。

【実験7-1】　$n=200$

標本平均の平均＝-0.01　　標本平均の標準偏差＝1.01　　標本サイズn＝200

度数分布表

No.	階級の幅	階級値	度数	相対度数
1	-4.69～-3.97	-4.3	0	0.00
2	-3.97～-3.25	-3.6	0	0.00
3	-3.25～-2.53	-2.9	3	0.00
4	-2.53～-1.81	-2.2	41	0.04
5	-1.81～-1.09	-1.5	93	0.09
6	-1.09～-0.37	-0.7	220	0.22
7	-0.37～ 0.35	0.00	274	0.27
8	0.35～ 1.07	0.71	223	0.22
9	1.07～ 1.79	1.43	110	0.11
10	1.79～ 2.51	2.15	28	0.03
11	2.51～ 3.23	2.87	8	0.01
12	3.23～ 3.95	3.59	0	0.00
13	3.95～ 4.67	4.31	0	0.00
		合計	1000	1.00

分布グラフ　抽出回数　1000回

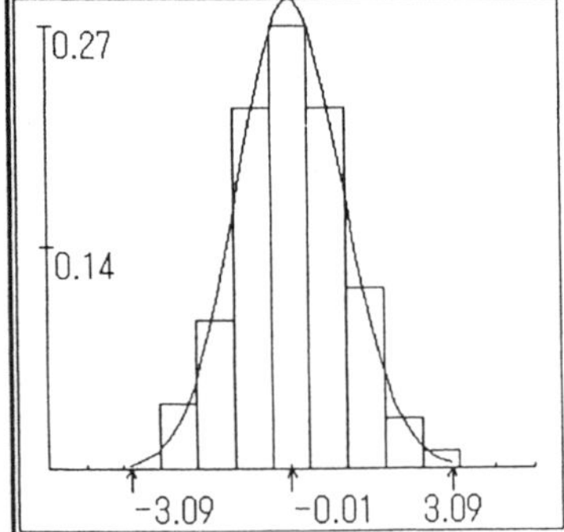

実験してみましょう

【実験 7 - 2】　$n=10$

標本平均の平均＝0.03　　標本平均の標準偏差＝1.14　　標本サイズ n ＝10

度数分布表

No.	階級の幅	階級値	度数	相対度数
1	-4.65～-3.93	-4.3	0	0.00
2	-3.93～-3.21	-3.6	5	0.01
3	-3.21～-2.49	-2.8	10	0.01
4	-2.49～-1.77	-2.1	42	0.04
5	-1.77～-1.05	-1.4	108	0.11
6	-1.05～-0.33	-0.7	182	0.18
7	-0.33～ 0.39	0.03	276	0.28
8	0.39～ 1.11	0.75	221	0.22
9	1.11～ 1.83	1.47	105	0.11
10	1.83～ 2.55	2.19	38	0.04
11	2.55～ 3.27	2.91	7	0.01
12	3.27～ 3.99	3.63	4	0.00
13	3.99～ 4.71	4.35	1	0.00
		合計	1000	1.00

分布グラフ　抽出回数　1000回

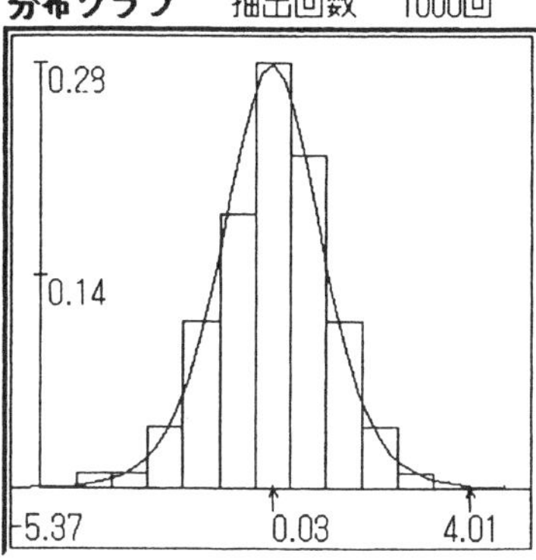

【実験 7 - 3】　$n=6$

標本平均の平均＝-0.03　　標本平均の標準偏差＝1.35　　標本サイズ n ＝6

度数分布表

No.	階級の幅	階級値	度数	相対度数
1	-4.71～-3.99	-4.3	3	0.00
2	-3.99～-3.27	-3.6	8	0.01
3	-3.27～-2.55	-2.9	25	0.03
4	-2.55～-1.83	-2.2	34	0.03
5	-1.83～-1.11	-1.5	94	0.09
6	-1.11～-0.39	-0.8	188	0.19
7	-0.39～ 0.33	0.00	266	0.27
8	0.33～ 1.05	0.69	195	0.20
9	1.05～ 1.77	1.41	102	0.10
10	1.77～ 2.49	2.13	48	0.05
11	2.49～ 3.21	2.85	21	0.02
12	3.21～ 3.93	3.57	7	0.01
13	3.93～ 4.65	4.29	3	0.00
		合計	1000	1.00

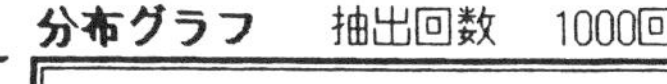

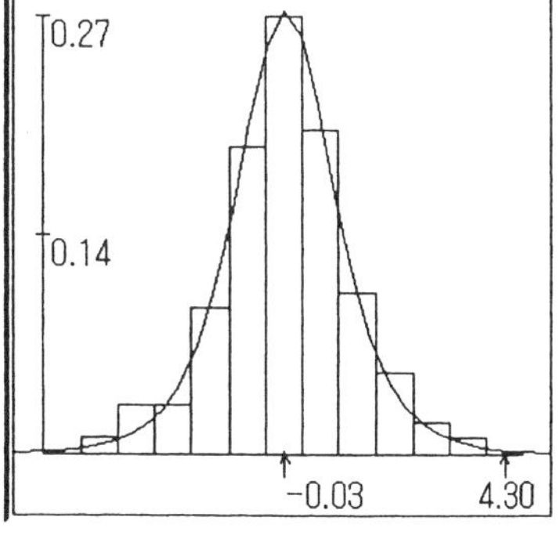

〔解説６〕小標本の検定

実験６、実験７から分かるように、標本サイズ n が100以上であれば、n の値に関わらず分布は同じかたちになります。しかもこの分布は横軸が－３～３の値をとり、標準正規分布であることが分かります。**【実験７－２】【実験７－３】**では T が－３～３の範囲からはみ出しており、標準正規分布のかたちになっていません。また n の値が変わると、分布のかたちが違ってきます。

この分布を、**ステューデントの t 分布**といいます。

$n=100$、$n=10$、$n=2$ の t 分布は、それぞれ次のとおりです。

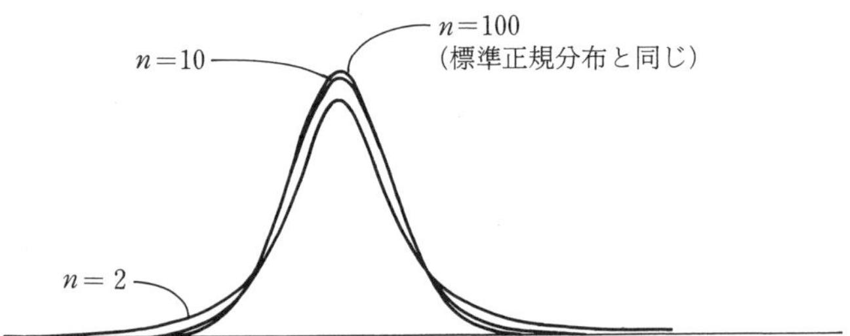

ここで再びラーメンの例❷に登場してもらいます。この例では標本サイズ $n=100$ の調査を行ったわけですが、$n=16$ で調査したとしたら、どうでしょうか。

統計量 T は、標本サイズ n に関わりなく次式で求められます。

$n=16$（軒）、$\bar{x}=620$（円）、$u=50$（円）、$m_0=600$（円）

$$T=\frac{\bar{x}-m_0}{u/\sqrt{n}}=\frac{620-600}{50/\sqrt{16}}=1.6$$

この T 値は標準正規分布ではなく、t 分布に従います。これを利用して検定を行うので、この検定を **t 検定**とよぶことがあります。

そこで標準正規分布の場合と同様に、有意水準と両側・片側の別に従って、t 分布の横軸上の値を棄却域として設定します。

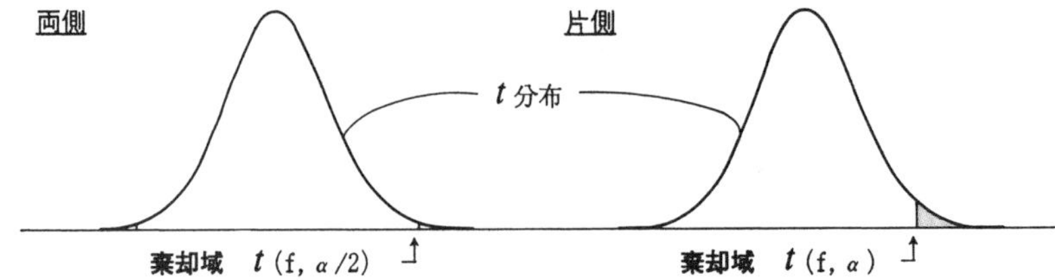

🖥実験してみましょう

$n=16$ と $n=5$ のときの棄却域を求めてみます。

表2　棄却域の設定〈t 分布〉

	有意水準	
	0.01	0.05
両側	$t(\mathrm{f},\ \alpha/2)=t(\mathrm{f},\ 0.005)$	$t(\mathrm{f},\ \alpha/2)=t(\mathrm{f},\ 0.025)$
$n=16$	$t(15,\ 0.005)=2.947$	$t(15,\ 0.025)=2.131$
$n=5$	$t(4,\ 0.005)=4.604$	$t(4,\ 0.025)=2.776$
片側	$t(\mathrm{f},\ \alpha)=t(\mathrm{f},\ 0.01)$	$t(\mathrm{f},\ \alpha)=t(\mathrm{f},\ 0.05)$
$n=16$	$t(15,\ 0.01)=2.602$	$t(15,\ 0.05)=1.753$
$n=5$	$t(4,\ 0.01)=3.747$	$t(4,\ 0.05)=2.132$

✍ t 分布表の見方は66ページをご覧ください。

ラーメンの例❷での棄却域を求めます。
片側検定、有意水準0.05なので、
$t(16-1,\ 0.05)=1.753$
$T=1.6$ より、$T<1.753$

これより、$\bar{x}$ が比較値 m_0 を20円も上回っているのに、**T＜棄却域**なので「600円より高い」という結論を出すことができません。これは、標本サイズ n の値が小さいためです。

統計的推定・検定は一部分を調べて結論を導くものです。ですから、調べる一部分のサイズが小さければ、すなわち標本サイズ n の値が小さければ、統計的推定の場合は推定の精度が悪くなり、統計的検定の場合は「差がある」という結論を導くことができなくなります。

統計的検定を行って「差があるといえない」という結論が出たときは、“母集団の様子を推測するには標本サイズが不十分である”という解釈が可能です。言い換えれば、どんなにわずかな差でも、標本サイズを極端に大きくすれば、「差があるといえる」という結論を導くことができるということです。

3. 1標本の検定 V 統計的検定

ここからは、実際に検定を行う場合の手順と記述を解説します。

〔解説 1〕母平均の検定

母平均の検定方法は、検定条件によって異なります。
条件は次の 3 つです。

① 母集団の分布は正規分布か否か。
② 母標準偏差 σ が既知か未知か。
③ 標本サイズが大きい（$n \geqq 100$）か小さい（$n < 100$）か。

表 1 母平均の検定方法

標本サイズ ＼ 母集団の分布	正規分布		その他の分布
	σ 既知	σ 未知	
$n \geqq 100$	Z 検定	Z 検定	Z 検定
$n < 100$	Z 検定	t 検定	各分布に固有の検定方法

ここでは σ 未知・大標本と、σ 未知・小標本の 2 つを解説します。

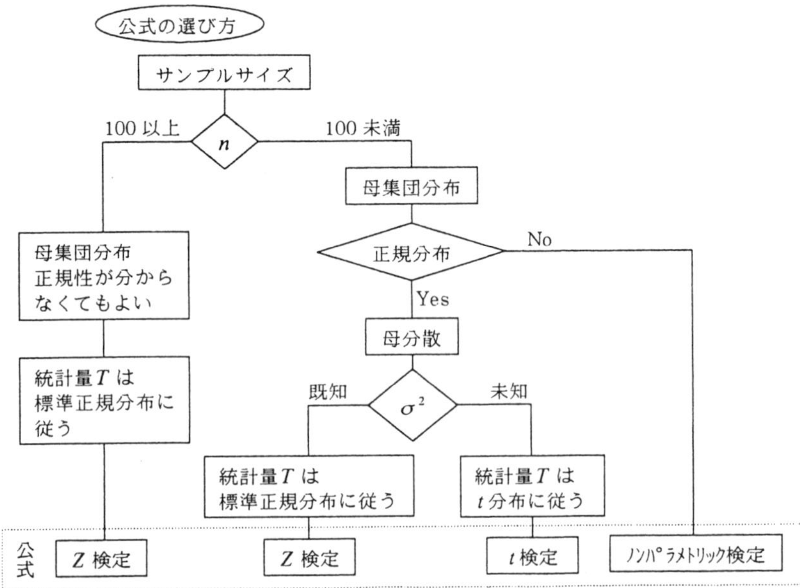

○　σ未知・大標本の場合

ラーメンの平均価格の検定とその結果を、順を追って記述してみます。

	手順と記述	備　考
1	帰無仮説　$m=m_0$ ラーメンの平均価格は600円に等しい。	✎「県全体（母集団）のラーメンの平均価格は600円である」と仮定する。
2	対立仮説　$m>m_0$ ラーメンの平均価格は600円より高い。	✎「県全体のラーメンの平均価格は600円より高いか」を検証することが、この分析の目的。
3	調査結果　標本サイズ $n=100$（軒） 標本平均 $\bar{x}=620$（円） 標本標準偏差 $u=50$（円） 比較値 $m_0=600$（円）	✎標本標準偏差の分母は $n-1$ を用いる。
4	統計量 $T=\dfrac{\bar{x}-m_0}{u/\sqrt{n}}=\dfrac{620-600}{50/\sqrt{100}}=4$	✎帰無仮説のもとで、$\bar{x}-m_0=620-600=20$（円）以上の差が生じる確率 p を考える。 統計量 T は、この確率 p を考えるために算出するもの。
5	棄却域　有意水準0.05 対立仮説より片側検定 $n\geqq 100$ より Z 検定 これより棄却域は $Z_{(\alpha)}=Z_{(0.05)}=1.64$	$\alpha=0.05$ p 棄却域 $Z_{(\alpha)}=1.64$　統計量 $T=4$
6	統計量 T と棄却域の比較 $T>1.64$ より帰無仮説を棄却する。	✎このような差が出る確率 p^* は $\alpha=0.05$ より小さい。ゆえに帰無仮説を棄却し、対立仮説を採択する。
7	結論 ●有意水準0.05で、この県のラーメンの平均価格は600円より高いといえる。	✎結論は、「対立仮説で仮定した事がいえる（いえない）」という表現をとる。 帰無仮説は結論にできない。

＊　この確率 p を、有意差判定確率といいます。

V　統計的検定

○σ 未知・小標本の場合

同じくラーメンの例で、標本サイズ $n=20$ のときの検定を行ってみます。

	手順と記述
1	帰無仮説　$m=m_0$ ラーメンの平均価格は600円に等しい。
2	対立仮説　$m>m_0$ ラーメンの平均価格は600円より高い。
3	調査結果　標本サイズ $n=20$（軒） 標本平均 $\bar{x}=620$（円） 標本標準偏差 $u=50$（円） 比較値 $m_0=600$（円）
4	統計量 $T=\dfrac{\bar{x}-m_0}{u/\sqrt{n}}=\dfrac{620-600}{50/\sqrt{20}}=1.79$
5	棄却域　有意水準0.05 対立仮説より片側検定 $n<100$ より t 検定 これより棄却域は　$t_{(f,\alpha)}=t_{(19,0.05)}=1.729$
6	統計量 T と棄却域の比較 $T>1.729$ より帰無仮説を棄却する。
7	結論 ●有意水準0.05で、この県のラーメンの平均価格は600円より高いといえる。

この場合は、もしも両側検定を
していたら、「比較値 600円と差が
ある」という結論は出せません
試しにやってみて下さい

〔解説２〕母比率の検定

既に解説したとおり、標本比率は母集団の分布に関わらず正規分布に従います。〈III章、２.〉ただし、標本サイズ $n<30$ のときは、標本比率は正規分布に従いません。従って、母比率の検定方法は次の２つになります。

①　$n \geqq 30$　Z 検定

②　$n<30$　F 検定（**【もっと理解したい方へ】**参照）

○ここでは $n \geqq 30$　**Z 検定**の手順を解説します。

ある地域の喫煙率が30％より高いかどうかを、母比率の検定を用いて検証します。検定の手順と記述は、次のとおりです。

	手順と記述	備　考
1	帰無仮説　$p=p_0$ 喫煙率は30％に等しい。	✎母比率は p、標本比率は $\bar{p}$、比較値は p_0 で表す。 ✎「この地域の喫煙率は30％である」と仮定する。
2	対立仮説　$p>p_0$ 喫煙率は30％より高い。	✎「この地域の喫煙率は30％より高いか」を検証することが、この分析の目的。
3	調査結果　標本サイズ $n=100$（人） 標本比率 $\bar{p}=0.4$ 比較値 $p_0=0.3$	
4	統計量 $T=\dfrac{\bar{p}-p_0}{u/\sqrt{n}}=\dfrac{\bar{p}-p_0}{\sqrt{p_0(1-\bar{p}_0)}/\sqrt{n}}$ $=2.18$	✎帰無仮説のもとで、$\bar{p}-p_0=0.4-0.3=0.1$ 以上の差が生じる確率 q を考える。 統計量 T は、この確率 q を考えるために算出するもの。
5	棄却域　有意水準0.05 対立仮説より片側検定 $n \geqq 30$ より Z 検定 これより棄却域は $Z_{(\alpha)}=Z_{(0.05)}=1.64$	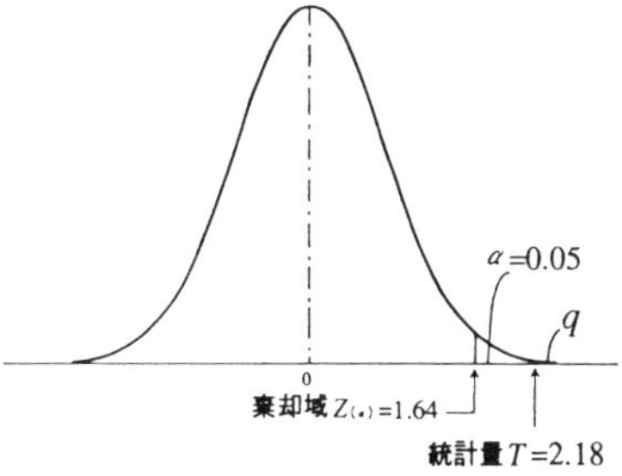

V　統計的検定

6	統計量 T と棄却域の比較 $T>1.64$ より帰無仮説を棄却する。	✎このような差が出る確率 q は $\alpha=0.05$ より小さい。ゆえに帰無仮説を棄却し、対立仮説を採択する。
7	結論 ●有意水準0.05で、この地域の喫煙率は30%より高いといえる。	✎結論は、「対立仮説で仮定した事がいえる（いえない）」という表現をとる。 帰無仮説は結論にできない。

前ページ4の公式は、次の考え方で導かれます。

帰無仮説より、母集団の比率は p_0 と仮定されます。〈IV　**統計的推定**〉で見てきたように、母比率の標準偏差は $\sqrt{p_0(1-p_0)}$ です。

標本調査を何十回、何百回も行ったとしたら、得られた標本比率はほとんどが p_0 か、あるいは p_0 に近い値になるはずです。つまり、標本比率の分布は次の図のように、正規分布に従います。

図1　統計量 T

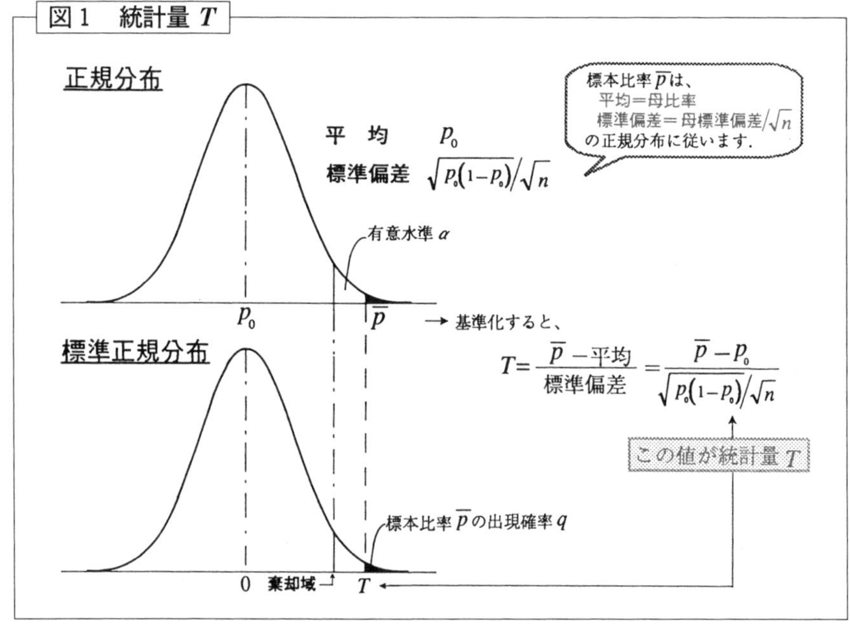

公　式

	サイズ	平　均	標準偏差	比　率
母集団	N	m	σ	P
標　本	n	$\bar{x}$	u	p

比較値：m_0、p_0

✎ u の分母は $n-1$ を用います。

〔**検定公式**〕

	統計量 T	標本サイズ	棄却域
母平均の検定	$T=\dfrac{\bar{x}-m_0}{u/\sqrt{n}}$ σ が既知の場合、（$n<100$ でも Z 検定可） $T=\dfrac{\bar{x}-m_0}{\sigma/\sqrt{n}}$	$n \geqq 100$	両側　$\lvert T\rvert > Z_{(\alpha/2)}$ 片側(右側)　$T > Z_{(\alpha)}$ (左側)　$T < -Z_{(\alpha)}$
		$n<100$	両側　$\lvert T\rvert > t_{(f,\alpha/2)}$ 片側(右側)　$T > t_{(f,\alpha)}$ (左側)　$T < -t_{(f,\alpha)}$
母比率の検定	$T=\dfrac{p-p_0}{\sqrt{p_0(1-p_0)}/\sqrt{n}}$	$n \geqq 30$	両側　$\lvert T\rvert > Z_{(\alpha/2)}$ 片側(右側)　$T > Z_{(\alpha)}$ (左側)　$T < -Z_{(\alpha)}$

✎ α は有意水準です。通常は0.01あるいは0.05を用います。

✎ f は自由度と呼ばれ、$f=n-1$ です。

✎ $n<30$ の場合の母比率の検定は、F 検定とも呼ばれます。**【もっと理解したい方へ】**をご覧ください。

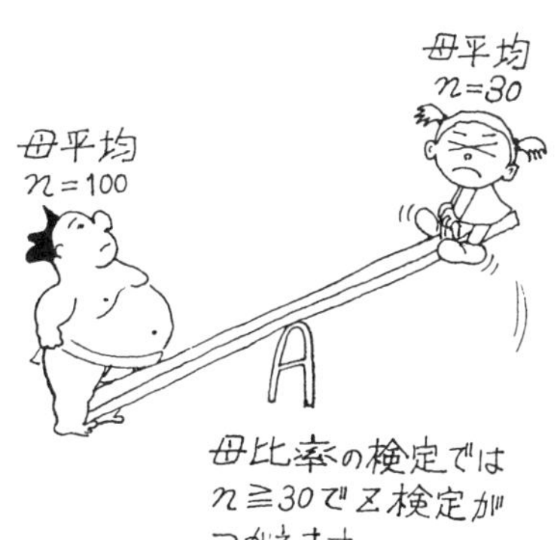
母平均
n=30
母平均
n=100
母比率の検定では
n≧30でZ検定が
つかえます

V　統計的検定

〔棄却域〕

Z 検定

	有意水準	
	0.01	0.05
両側検定	$Z(\alpha/2)=Z(0.005)$ 2.58	$Z(\alpha/2)=Z(0.025)$ 1.96
片側検定	$Z(\alpha)=Z(0.01)$ 2.33	$Z(\alpha)=Z(0.05)$ 1.64

t 検定（$n=20$ の場合）

	有意水準	
	0.01	0.05
両側検定 $n=20$	t(f、$\alpha/2$)$=t$(f、0.005) t(19、0.005)$=2.861$	t(f、$\alpha/2$)$=t$(f、0.025) t(19、0.025)$=2.093$
片側検定 $n=20$	t(f、α)$=t$(f、0.01) t(19、0.01)$=2.539$	t(f、α)$=t$(f、0.05) t(19、0.05)$=1.729$

「差がある」という結果を「有意差がある」というんだよ

有意水準 0.01 で有意差があれば，＊＊をつけます

〃　　0.05で　　〃　　　　＊をつけます

〃　　0.05で有意差がなければ，何も印はつけません

例題 10

シャープペンシルの芯をつくっているある工場では、芯の太さの平均値を0.90 mm に保持しないとシャープペンシルに合わない芯が出るので、母平均が0.90 mm でなくなった場合は機械を止めて調整し直すことにしています。

母平均が0.90 mm かどうかのチェックは、できあがった芯から無作為に100本を抽出し、太さの平均 $\overline{x}$ と標準偏差 u を算出して調べています。

ある日の平均値 $\overline{x}$ は0.92 mm、標準偏差 u は0.07 mm でした。

機械を止めて調整し直すかどうか、有意水準0.05で判断しなさい。

【解　答】

○帰無仮説：$m=m_0$　芯の太さの平均値は0.90 mm に等しい。

○対立仮説：$m \neq m_0$　芯の太さの平均値は0.90 mm ではない。

○調査結果

標本サイズ $n=100$（本）

標本平均 $\overline{x}=0.92$ mm

標本標準偏差 $u=0.07$ mm

比較値 $m_0=0.90$ mm

○統計量 T

母平均の検定の公式より、$T=\dfrac{\overline{x}-m_0}{u/\sqrt{n}}=\dfrac{0.92-0.90}{0.07/\sqrt{100}}=2.857$

○棄却域

有意水準0.05

対立仮説より両側検定。

$n \geqq 100$ より Z 検定。

棄却域　$Z_{(\alpha/2)}=Z_{(0.025)}=1.96$

○比較

$T>1.96$ より、帰無仮説を棄却する。

●結論

有意水準0.05で、芯の直径は0.90 mm と異なるといえる。よって機械を止めて調整し直す。

V　統計的検定

例題　11

従来の調査で、知名度が30％の商品Aがあります。ある都市全体を対象として商品Aの広告活動を行ったあと、そこに住む50人を無作為に抽出して調査したところ、商品Aを知っている人が20人いました。

この広告活動は商品Aの知名度を高めたといえるかどうか、有意水準0.05で検定しなさい。

【解　答】

○帰無仮説：$P=p_0$　広告活動後の知名度は30％に等しい。

○対立仮説：$P>p_0$　広告活動後の知名度は30％より高い。

○調査結果

標本サイズ $n=50$（人）

標本比率 $\bar{p}=20\div 50=0.4$

比較値 $p_0=0.3$

○統計量 T

母比率の検定の公式より、

$$T=\frac{\bar{p}-p_0}{\sqrt{p_0(1-p_0)}/\sqrt{n}}=\frac{0.4-0.3}{\sqrt{0.3(1-0.3)}/\sqrt{50}}=1.54$$

○棄却域

有意水準0.05

対立仮説より右側検定

$n\geqq 30$ より Z 検定

棄却域　$Z_{(\alpha)}=Z_{(0.05)}=1.64$

○比較

$T<1.64$ より、帰無仮説を棄却できない。

●結論

有意水準0.05で、広告活動後の知名度は30％より高いといえない。ゆえに広告活動は知名度を高めるのに役立ったとはいえない。

テスト　9

ある地域で農園８ヶ所をランダムに選び、１アールあたりのジャガイモの収穫量を調査しました。下表はその結果です。このデータから、この地域の１アールあたりのジャガイモの収穫量は125 kg を上回るといえるでしょうか。有意水準0.05で検定しなさい。

農　園	1	2	3	4	5	6	7	8
収穫量 kg/a	132	148	139	127	122	129	117	126

（　　）…４点、〔　　〕…２点、〈　　〉…１点、合計100点

【解　答】

○帰無仮説：$m=m_0$　１アールあたりのジャガイモの収穫量は125 kg
〔１．に等しい　２．ではない〕→（　　　）。

○対立仮説：$m>m_0$　１アールあたりのジャガイモの収穫量は125 kg より
〔１．多い　２．少ない〕→（　　　）。

○調査結果

x_i	$x_i-\bar{x}$	$(x_i-\bar{x})^2$
132	〈　　〉	〈　　〉
148	〈　　〉	〈　　〉
139	〈　　〉	〈　　〉
127	〈　　〉	〈　　〉
122	〈　　〉	〈　　〉
129	〈　　〉	〈　　〉
117	〈　　〉	〈　　〉
126	〈　　〉	〈　　〉
$\sum x_i$ （　　）	$\sum(x_i-\bar{x})$ 0	$\sum(x_i-\bar{x})^2$ （　　）

標本サイズ $n=$（　　　）
標本平均 $\bar{x}=$（　　　）kg
偏差平方和 $S=$（　　　）kg
標本分散 $V=$（　　　）/（　　　）
$=$（　　　）
標本標準偏差 $u=$（　　　）kg
比較値 $m_0=$（　　　）kg

○統計量 $T=\dfrac{\bar{x}-m_0}{u/\sqrt{n}}=\dfrac{〔\quad〕-〔\quad〕}{〔\quad〕/\sqrt{〔\quad〕}}=$（　　　）

○棄却域
有意水準〔１．0.05　２．0.01〕→（　　　）
対立仮説より〔１．両側検定　２．片側検定〕→（　　　）。
$n<100$ より〔１．Z 検定　２．t 検定〕→（　　　）
これより棄却域の値は（　　　）

→次ページに続く

V　統計的検定

○比較

T〔1．>　2．<〕→(　　　)棄却域

●結論

この地域の1アールあたりのジャガイモ収穫量は、125 kg を上回ると〔1．いえる　2．いえない〕→(　　　)

テスト　10

硬貨を50回投げたところ、表が27回出ました。この硬貨は不正なものといえるでしょうか。有意水準0.05で検定しなさい。

（　　）…５点、〔　　〕…10点、合計100点

POINT 正しく作られている硬貨の表（裏）の出る確率は、0.5です。

【解　答】

○帰無仮説：$P=p_0$　表（裏）の出る確率は0.5〔１．に等しい　２．と異なる〕→(　　　)。

○対立仮説：$P\neq p_0$　表（裏）の出る確率は0.5〔１．と異なる　２．より高い　３．より低い〕→(　　　)。

○実験結果

標本サイズ n=(　　　)

標本比率 $\bar{p}$=(　　　)÷(　　　)=(　　　)

比較値 p_0=(　　　)

○統計量 T

母比率の検定の公式より、

$$T=\frac{\bar{p}-p_0}{\sqrt{p_0(1-p_0)}/\sqrt{n}}=\frac{(\quad\quad)-(\quad\quad)}{\sqrt{(\quad\quad)\{1-(\quad\quad)\}}/\sqrt{(\quad\quad)}}=(\quad\quad)$$

○棄却域

有意水準0.05

対立仮説より〔１．両側検定　２．片側検定〕→(　　　)

$n\geqq 30$ より〔１．Z 検定　２．F 検定〕→(　　　)

これより棄却域の値は（　　　）

○比較

$|T|$〔１．>　２．<〕→(　　　) 棄却域

●結論

「表（裏）の出る確率は0.5と異なる」と〔１．いえる　２．いえない〕→(　　　)

従って、この硬貨は不正なものと〔１．いえる　２．いえない〕→(　　　)

4. 2標本の検定

〔解説1〕母平均の差の検定

この検定は2つの母集団の平均値の差を検出するためのものなので、このように呼ばれます。

母平均の差の検定は、条件により検定方法が異なります。検定の条件は次の4つです。

①2つの母集団の分布は正規分布か否か。
②2つの母標準偏差 σ_1、σ_2 が既知か未知か。
③2つの母集団のデータは対応しているか。
④標本サイズが大きい（$n_1+n_2 \geqq 100$）か小さい（$n_1+n_2<100$）か
　ただし2つの母集団からの標本サイズを、それぞれ n_1、n_2 とする。

<table>
<tr><th colspan="2" rowspan="2"></th><th colspan="2">正規分布</th><th rowspan="2">その他の分布</th></tr>
<tr><th>σ_1、σ_2 既知</th><th>σ_1、σ_2 未知</th></tr>
<tr><td rowspan="3">対応なし</td><td>$n_1+n_2 \geqq 100$</td><td>Z 検定</td><td>Z 検定</td><td>Z 検定</td></tr>
<tr><td rowspan="2">$n_1+n_2<100$</td><td rowspan="2">Z 検定</td><td>（$\sigma_1=\sigma_2$ の場合）
t 検定</td><td rowspan="3">母集団の分布に対応した固有の検定</td></tr>
<tr><td>（$\sigma_1 \neq \sigma_2$ の場合）
ウェルチの t 検定</td></tr>
<tr><td>対応あり</td><td>n は任意</td><td>t 検定</td><td>t 検定</td></tr>
</table>

POINT 「対応あり」・「対応なし」とは

比較する2標本のデータが同じ個体からのものの場合を、「対応がある」場合の検定といいます。逆に2標本のデータが違う個体からのものの場合を「対応がない」場合の検定といいます。

対応のない場合

個体が別の2標本

標本1	石川	中村	山田	
標本2	鈴木	佐藤	加藤	田中

対応のある場合

同一個体からの2標本

	石川	中村	山田	鈴木
標本1				
標本2				

〔解説２〕対応のない場合の検定

２つの地域ＡとＢで、中学一年男子生徒の体重を全数調査しました。平均値・標準偏差を求めたところ、２つの集団のサイズと平均が同じ値であったとします。

	サイズ	平　均	標準偏差
A	$N_1=10{,}000$（人）	$m_1=50$ kg	$\sigma_1=6$ kg
B	$N_2=10{,}000$（人）	$m_2=50$ kg	$\sigma_2=5$ kg

Ａ、Ｂを母集団として標本調査を行い、標本統計量より次に示す統計量 T を求め、分布を調べてみます。

公式①　標本サイズが大（$n_1+n_2\geqq 100$）、母標準偏差 σ_1、σ_2 が既知の場合

$$T=\frac{\bar{x}_1-\bar{x}_2}{\sqrt{\dfrac{\sigma_1^2}{n_1}+\dfrac{\sigma_2^2}{n_2}}}$$

○$n_1=n_2=100$ の標本調査を各々1000回行い、得られた標本平均 $\bar{x}_1$、$\bar{x}_2$ から統計量 T を求めます。母標準偏差は既知とします。($\sigma_1=6$、$\sigma_2=5$)
統計量 T は**標準正規分布**に従うことが分かります。

統計量Tiの平均＝-0.01　統計量Tiの標準偏差＝0.95　統計量Tiの分布＝標準正規分布
標本サイズn_1＝100　標本サイズn_2＝100

度数分布表

No.	階級の幅	階級値	度数	相対度数
1	-4.62〜-3.91	-4.3	0	0.00
2	-3.91〜-3.20	-3.6	1	0.00
3	-3.20〜-2.49	-2.8	1	0.00
4	-2.49〜-1.78	-2.1	21	0.02
5	-1.78〜-1.07	-1.4	100	0.10
6	-1.07〜-0.36	-0.7	233	0.23
7	-0.36〜 0.34	0.00	312	0.31
8	0.34〜 1.05	0.70	196	0.20
9	1.05〜 1.76	1.41	93	0.09
10	1.76〜 2.47	2.12	37	0.04
11	2.47〜 3.18	2.83	4	0.00
12	3.18〜 3.89	3.54	2	0.00
13	3.89〜 4.60	4.25	0	0.00
		合計	1000	1.00

分布グラフ　抽出回数　1000 回

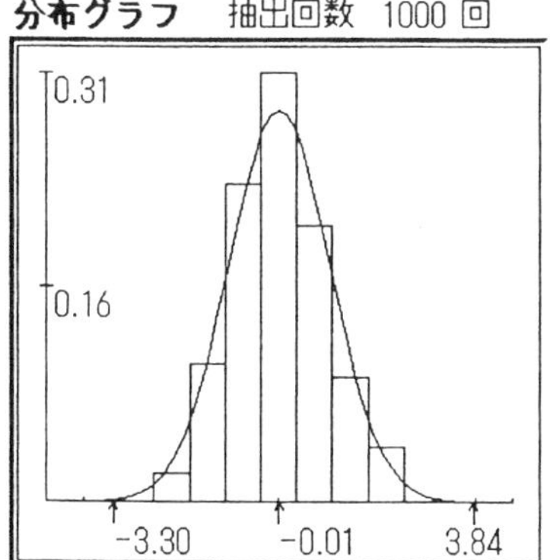

V　統計的検定

公式②　標本サイズが大（$n_1+n_2 \geqq 100$）、母標準偏差が未知の場合

$$T=\frac{\bar{x}_1-\bar{x}_2}{\sqrt{u_1^2/n_1+u_2^2/n_2}}$$

○$n_1=n_2=100$ の標本調査を各々1000回行い、得られた標本平均 $\bar{x}_1$、$\bar{x}_2$、標本標準偏差 u_1、u_2 から統計量 T を求めます。①の場合と同じく、統計量 T は**標準正規分布**に従うことが分かります。

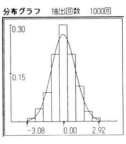

統計量Tiの平均=0.00　統計量Tiの標準偏差=0.98　統計量Tiの分布=標準正規分布
標本サイズ　$n_1=100$　$n_2=100$

度数分布表

No.	階級の幅	階級値	度数	相対度数
1	-4.42〜-3.74	-4.1	0	0.00
2	-3.74〜-3.06	-3.4	1	0.00
3	-3.06〜-2.38	-2.7	8	0.01
4	-2.38〜-1.70	-2.0	37	0.04
5	-1.70〜-1.02	-1.4	94	0.09
6	-1.02〜-0.34	-0.7	210	0.21
7	-0.34〜 0.34	0.00	295	0.30
8	0.34〜 1.02	0.68	207	0.21
9	1.02〜 1.70	1.36	108	0.11
10	1.70〜 2.38	2.04	32	0.03
11	2.38〜 3.06	2.72	8	0.01
12	3.06〜 3.74	3.40	0	0.00
13	3.74〜 4.42	4.08	0	0.00
		合計	1000	1.00

分布グラフ　抽出回数　1000回

0.30
0.15
-3.08　0.00　2.92

公式③　標本サイズ小（$n_1+n_2<100$）、母標準偏差 $\sigma_1=\sigma_2$ の場合

$$T=\frac{\bar{x}_1-\bar{x}_2}{\sqrt{u^2/n_1+u^2/n_2}} \qquad \text{ただし } u^2=\frac{(n_1-1)u_1^2+(n_2-1)u_2^2}{n_1+n_2-2}$$

○$n_1=30$、$n_2=20$ の標本調査を各々1000回行い、得られた標本平均 $\bar{x}_1$、$\bar{x}_2$、標本標準偏差 u_1、u_2 から統計量 T を求めます
統計量 T は、t 分布に従うことがわかります。ただしこの t 分布の自由度 f は、$f=n_1+n_2-2$ となります。

統計量Tiの平均=0.01　統計量Tiの標準偏差=0.99　統計量Tiの分布=t 分布
標本サイズ$n_1=30$　$n_2=20$

度数分布表

No.	階級の幅	階級値	度数	相対度数
1	-4.80〜-4.06	-4.4	0	0.00
2	-4.06〜-3.32	-3.7	1	0.00
3	-3.32〜-2.58	-3.0	2	0.00
4	-2.58〜-1.84	-2.2	27	0.03
5	-1.84〜-1.10	-1.5	97	0.10
6	-1.10〜-0.36	-0.7	215	0.22
7	-0.36〜 0.38	0.01	316	0.32
8	0.38〜 1.12	0.75	219	0.22
9	1.12〜 1.86	1.49	88	0.09
10	1.86〜 2.60	2.23	25	0.03
11	2.60〜 3.34	2.97	8	0.01
12	3.34〜 4.08	3.71	1	0.00
13	4.08〜 4.82	4.45	1	0.00
		合計	1000	1.00

分布グラフ　抽出回数　1000回

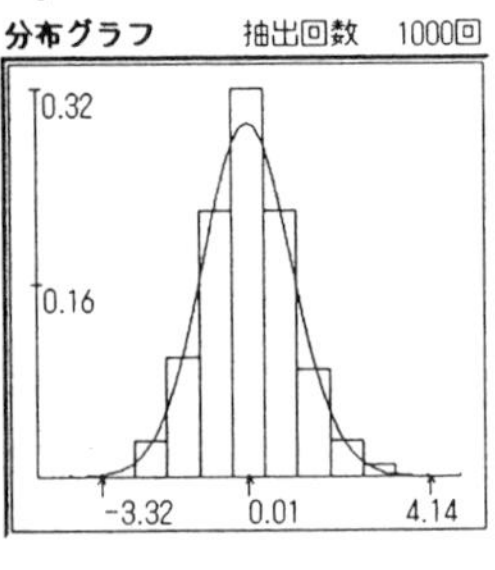

公式④　標本サイズ小（$n_1+n_2<100$）、母標準偏差が未知の場合

$$T=\frac{\bar{x}_1-\bar{x}_2}{\sqrt{\dfrac{u_1^2}{n_1}+\dfrac{u_2^2}{n_2}}}$$

○$n_1=30$、$n_2=20$ の標本調査を各々1000回行い、得られた標本平均 $\bar{x}_1$、$\bar{x}_2$、標本標準偏差 u_1、u_2 から統計量 T を求め、T の度数分布をグラフ化します。

統計量Tiの平均=-0.03　統計量Tiの標準偏差=1.05　統計量Tiの分布=ｔ分布
標本サイズn_1=30　n_2=20

度数分布表

No.	階級の幅	階級値	度数	相対度数
1	-4.52〜-3.83	-4.2	0	0.00
2	-3.83〜-3.14	-3.5	3	0.00
3	-3.14〜-2.45	-2.8	6	0.01
4	-2.45〜-1.76	-2.1	39	0.04
5	-1.76〜-1.07	-1.4	108	0.11
6	-1.07〜-0.38	-0.7	213	0.21
7	-0.38〜 0.31	0.00	263	0.26
8	0.31〜 1.00	0.66	202	0.20
9	1.00〜 1.69	1.35	112	0.11
10	1.69〜 2.38	2.04	39	0.04
11	2.38〜 3.07	2.73	13	0.01
12	3.07〜 3.76	3.42	2	0.00
13	3.76〜 4.45	4.11	0	0.00
		合計	1000	1.00

分布グラフ　抽出回数　1000回

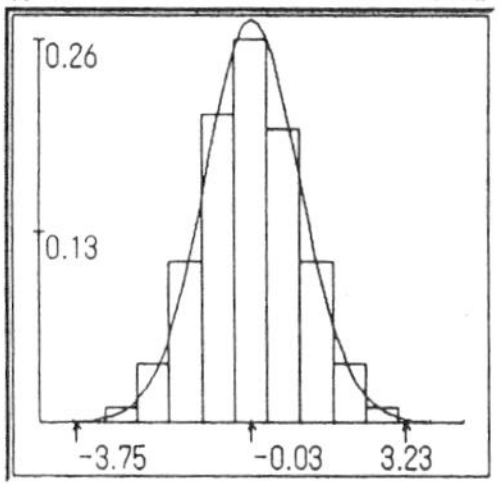

0.26
0.13
-3.75　-0.03　3.23

統計量 T は t 分布に従うことがわかります。ただしこの t 分布の自由度 f は、$f=\left(\dfrac{u_1^2}{n_1}+\dfrac{u_2^2}{n_2}\right)^2\div\left\{\dfrac{u_1^4}{n_1^2(n_1-1)}+\dfrac{u_2^4}{u_2^2(n_2-1)}\right\}$ となります。統計量 T の公式は②と同じですが、T が従う分布は異なります。

2標本の検定も1標本の検定と同じように、1回の標本調査より得られた標本統計量から統計量 T を求め、T と棄却域を比較し、検定を行います。

V　統計的検定

○σ 未知・大標本の場合

ラーメンの例で考えてみます。

	手順と記述	備　考
1	**帰無仮説**　$m_1 = m_2$ 2県のラーメンの平均価格は等しい。	✍「2つの県（母集団）のラーメンの平均価格は等しい」と仮定する。 ✍「2つの県（母集団）のラーメンの平均価格は異なる」ということを検証するのが目的。
2	**対立仮説**　$m_1 \neq m_2$ 2県のラーメンの平均価格は異なる。	
3	**調査結果** 標本サイズ $n_1=100$、$n_2=100$ 標本平均 $\bar{x}_1=620$、$\bar{x}_2=610$ 標本標準偏差 $u_1=50$、$u_2=50$	✍標本標準偏差の分母は $n-1$ を用いる。
4	**統計量** T **【公式①を用います】** $T=\dfrac{\bar{x}_1-\bar{x}_2}{\sqrt{\dfrac{u_1^2}{n_1}+\dfrac{u_2^2}{n_2}}}=\dfrac{620-610}{\sqrt{\dfrac{2500}{100}+\dfrac{2500}{100}}}$ $=\dfrac{10}{7.1}=1.41$	✍帰無仮説のもとで、$\bar{x}_1-\bar{x}_2=620-610=10$(円)以上の差が生じる確率 p を考える。 統計量 T は、この確率 p を考えるために算出するもの。
5	**棄却域**　有意水準 0.05 対立仮説より両側検定 $n_1+n_2 \geqq 100$ より Z 検定 これより棄却域は $Z_{(\alpha/2)}=Z_{(0.025)}=1.96$	$\alpha/2=0.025$ p 統計量 $T=1.41$　棄却域 $Z_{(\alpha/2)}=1.96$
6	**統計量** T **と棄却域の比較** $T<1.96$ より帰無仮説を棄却できない。	✍このような差が出る確率 p は $\alpha/2=0.025$ より大きい。ゆえに帰無仮説を棄却できないので、対立仮説は採択されない。
7	**結論** ●有意水準 0.05 で、2つの県のラーメンの平均価格は異なるといえない。	✍対立仮説が採択できなくても、帰無仮説は結論にはできないことに注意。

○σ 未知（ただし $\sigma_1=\sigma_2$）・小標本の場合

同じくラーメンの例で、標本サイズ $n_1=50$、$n_2=25$、2県の価格の標準偏差が等しい（母標準偏差は未知）ときの検定を行ってみます。

	手順と記述
1	帰無仮説　$m_1=m_2$ 2県のラーメンの平均価格は等しい。
2	対立仮説　$m_1 \neq m_2$ 2県のラーメンの平均価格は異なる。
3	調査結果 標本サイズ $n_1=50$、$n_2=25$ 標本平均 $\bar{x}_1=620$、$\bar{x}_2=610$ 標本標準偏差 $u_1=50$、$u_2=50$
4	統計量 T **【公式②を用います】** まず、標本標準偏差の加重平均 u^2 を求める。 $u^2=\dfrac{(n_1-1)u_1^2+(n_2-1)u_2^2}{n_1+n_2-2}=2500$ 統計量 $T=\dfrac{\bar{x}_1-\bar{x}_2}{\sqrt{\dfrac{u^2}{n_1}+\dfrac{u^2}{n_2}}}=\dfrac{620-610}{\sqrt{\dfrac{2500}{50}+\dfrac{2500}{25}}}=\dfrac{10}{12.25}=0.82$
5	棄却域　有意水準 0.05 対立仮説より両側検定 $n_1+n_2<100$ より t 検定 t 分布の自由度 f を求めると、$f=n_1+n_2-2=73$ これより棄却域は　$t_{(f,\alpha/2)}=t_{(73,0.025)}=1.99$
6	統計量 T と棄却域の比較 $T<1.99$ より帰無仮説を棄却できない。
7	結論 ●有意水準 0.05 で、2つの県のラーメンの平均価格は異なるといえない。

V　統計的検定

○σ 未知（ただし $\sigma_1 \neq \sigma_2$）・小標本の場合

同じくラーメンの例で、標本サイズ $n_1=50$、$n_2=25$、2県の価格の標準偏差が異なる（母標準偏差は未知）ときの検定を行ってみます。

	手順と記述
1	帰無仮説　$m_1=m_2$ 2県のラーメンの平均価格は等しい。
2	対立仮説　$m_1 \neq m_2$ 2県のラーメンの平均価格は異なる。
3	調査結果 標本サイズ $n_1=50$、$n_2=25$ 標本平均 $\bar{x}_1=620$、$\bar{x}_2=610$ 標本標準偏差 $u_1=50$、$u_2=35$
4	統計量 T **【公式③を用います】** 統計量 $T=\dfrac{\bar{x}_1-\bar{x}_2}{\sqrt{\dfrac{u_1^2}{n_1}+\dfrac{u_2^2}{n_2}}}=\dfrac{620-610}{\sqrt{\dfrac{2500}{50}+\dfrac{1225}{25}}}=\dfrac{10}{9.95}=1.01$
5	棄却域　有意水準 0.05 対立仮説より両側検定 $n_1+n_2<100$ より t 検定 t 分布の自由度 f を求めると、 $f=\left(\dfrac{u_1^2}{n_1}+\dfrac{u_2^2}{n_2}\right)^2 \div \left\{\dfrac{u_1^4}{n_1^2(n_1-1)}+\dfrac{u_2^4}{n_2^2(n_2-1)}\right\}$ $=\left(\dfrac{2500}{50}+\dfrac{1225}{25}\right)^2 \div \left(\dfrac{2500^2}{50^2\times 49}+\dfrac{1225^2}{25^2\times 24}\right)=65$ これより棄却域は　$t_{(f,\alpha/2)}=t_{(65,0.025)}=2.00$
6	統計量 T と棄却域の比較 $T<2.00$ より帰無仮説を棄却できない。
7	結論 ●有意水準 0.05 で、2県のラーメンの平均価格は異なるといえない。

〔解説３〕対応のある場合の検定

ある地域の中学生の知能検査結果があります。現在の２年生について今年度と昨年度の検査結果の差をとり、そのデータを母集団として母平均・母標準偏差を求めました。

> 母集団のサイズ　$N=10{,}000$（人）
> 母平均　$m=0$（点）
> 母標準偏差　$\sigma=5$（点）

この母集団から $n=20$（人）の標本を抽出し、標本平均 $\overline{x}$、標本標準偏差 u より統計量 T を算出します。

$$T=\frac{\overline{x}}{u/\sqrt{n}}$$

標本抽出を1000回行い、統計量 T を1000個求め、分布を調べてみます。

統計量Tiの平均=0.00　統計量Tiの標準偏差=1.07　統計量Tiの分布＝t 分布
母集団の平均m=0.0　母集団の標準偏差σ=5.0　標本サイズn＝20

度数分布表

No.	階級の幅	階級値	度数	相対度数
1	-5.78〜-4.89	-5.3	0	0.00
2	-4.89〜-4.00	-4.4	0	0.00
3	-4.00〜-3.11	-3.6	2	0.00
4	-3.11〜-2.22	-2.7	16	0.02
5	-2.22〜-1.33	-1.8	85	0.09
6	-1.33〜-0.44	-0.9	240	0.24
7	-0.44〜 0.44	0.00	326	0.33
8	0.44〜 1.33	0.89	231	0.23
9	1.33〜 2.22	1.78	81	0.08
10	2.22〜 3.11	2.67	14	0.01
11	3.11〜 4.00	3.56	4	0.00
12	4.00〜 4.89	4.45	1	0.00
13	4.89〜 5.78	5.34	0	0.00
		合計	1000	1.00

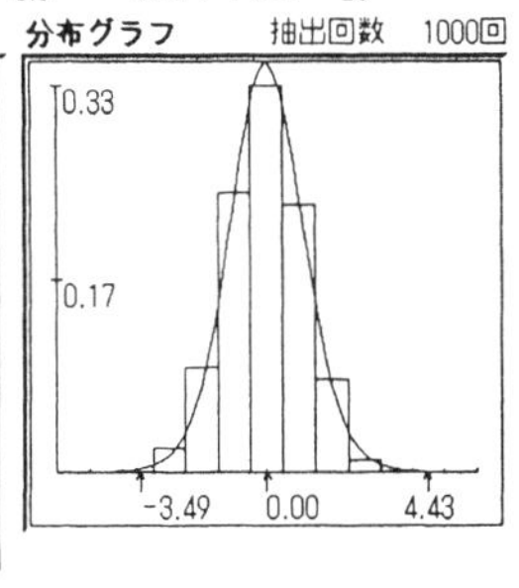

統計量 T は、自由度 $f=n-1$ の t 分布に従うことが分かります。

他の検定と同様に、１回の標本調査より得られた標本統計量から統計量 T を求め、T と棄却域を比較し、検定を行います。

○次の例で考えてみましょう。

> ❹中村君は、自分の住む県のラーメンの価格が昨年よりも上がっているかどうかを調べたいと思いました。そこで、❸で調べた100軒のラーメン店のうち16軒だけにもう一度電話をかけ、昨年の同時期の醤油ラーメンの価格を聞きました。
>
> その結果、醤油ラーメンは昨年から平均10円値上がりしていることが分かりました。
>
> なお、値上がり額の標準偏差は８円でした。

V　統計的検定

○対応のある場合の検定

	手順と記述	備　考
1	帰無仮説　$m=0$ 今年と昨年のラーメンの平均価格は等しい。	✍「今年と昨年のラーメンの平均価格は等しい」、つまり「価格差の平均 $m=0$」と仮定する。 ✍「今年のラーメンの平均価格は昨年より高い」ということを検証するのが目的。
2	対立仮説　$m>0$ 今年のラーメンの平均価格は昨年より高い。	
3	調査結果 標本サイズ $n=16$ 標本平均 $\bar{x}=10$ 標本標準偏差 $u=8$	✍個々のラーメン店における昨年と今年の価格差をデータとし、標本統計量を求める。 ✍標本標準偏差の分母は $n-1$ を用いる。
4	統計量 T $T=\dfrac{\bar{x}}{u/\sqrt{n}}=\dfrac{10}{8/\sqrt{16}}=5$	✍帰無仮説のもとで $\bar{x}=10$（円）以上の差が生じる確率 p を考える。 統計量 T は、この確率 p を考えるために算出するもの。
5	棄却域　有意水準 0.05 対立仮説より片側検定 自由度 $\mathrm{f}=n-1=16-1=15$ これより棄却域は $t_{(\mathrm{f},\alpha)}=t_{(15,0.05)}=1.753$	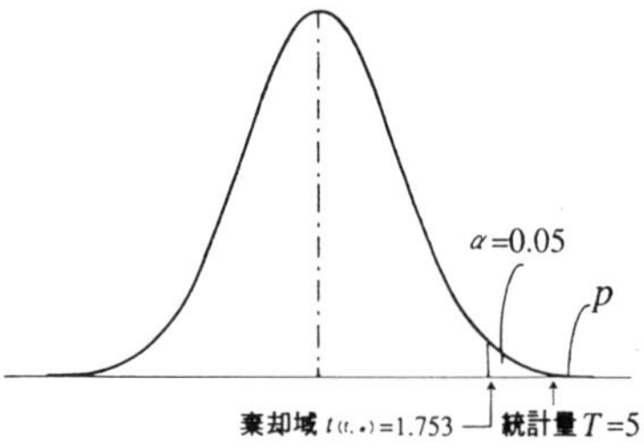
6	統計量 T と棄却域の比較 $T>1.753$ より帰無仮説を棄却する。	✍ $\bar{x}=10$（円）となる確率 p は $\alpha=0.05$ より小さい。ゆえに帰無仮説を棄却し対立仮説を採択する。
7	結論 ●有意水準 0.05 で、今年のラーメンの平均価格は昨年より高いといえる。	✍結論は、「対立仮説で仮定したことがいえる（いえない）」という表現をとる。帰無仮説は結論にできない。

〔解説４〕母比率の差の検定

この検定は２つの母集団の比率の差を検証するためのものです。

２つの地域の喫煙率を全数調査によって調べたとしましょう。地域Ａでは60%、地域Ｂでも同じく60%の人が喫煙しています。

地域Ａ、Ｂからそれぞれ30人ずつを抽出し、標本比率 $\bar{p}_1$、$\bar{p}_2$ から次に示す統計量 T を求めます。

$$T=\frac{\bar{p}_1-\bar{p}_2}{\sqrt{\bar{p}(1-\bar{p})\left(\frac{1}{n_1}+\frac{1}{n_2}\right)}}\qquad \text{ただし、} \bar{p}=\frac{n_1\bar{p}_1+n_2\bar{p}_2}{n_1+n_2}$$

標本抽出を地域Ａ、Ｂでそれぞれ1000回行い、統計量 T を1000個求め、分布を調べてみます。

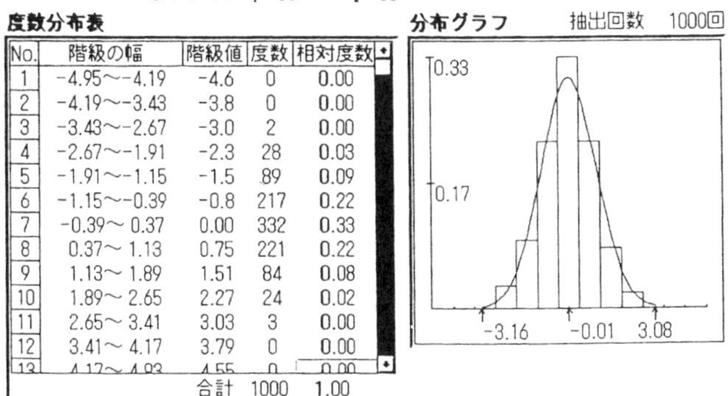

統計量Tiの平均=-0.01　統計量Tiの標準偏差=0.98　統計量Tiの分布＝標準正規分布

標本サイズn_1=30　n_2=30

度数分布表

No.	階級の幅	階級値	度数	相対度数
1	-4.95〜-4.19	-4.6	0	0.00
2	-4.19〜-3.43	-3.8	0	0.00
3	-3.43〜-2.67	-3.0	2	0.00
4	-2.67〜-1.91	-2.3	28	0.03
5	-1.91〜-1.15	-1.5	89	0.09
6	-1.15〜-0.39	-0.8	217	0.22
7	-0.39〜 0.37	0.00	332	0.33
8	0.37〜 1.13	0.75	221	0.22
9	1.13〜 1.89	1.51	84	0.08
10	1.89〜 2.65	2.27	24	0.02
11	2.65〜 3.41	3.03	3	0.00
12	3.41〜 4.17	3.79	0	0.00
13	4.17〜 4.93	4.55	0	0.00
		合計	1000	1.00

統計量 T は標準正規分布に従うことがわかります。このことは標本サイズ n の値に関係なく成立することがわかっています。

これまでと同様に、１回の標本調査より得られた統計量 T と棄却域を比較し、検定を行います。

検定の手順と記述は、例題をご覧ください。

V　統計的検定

公　式

①対応のない場合

	サイズ		平　均		標準偏差		比　率	
母集団	N_1	N_2	m_1	m_2	σ_1	σ_2	P_1	P_2
標　本	n_1	n_2	$\bar{x}_1$	$\bar{x}_2$	u_1	u_2	$\bar{p}_1$	$\bar{p}_2$

②対応のある場合

No.	1	2	3	…	n
データの差	x_1	x_2	x_3	…	x_n

	サイズ	**平　均**	標準偏差
母集団	N	m	σ
標　本	n	$\bar{x}$	u

✎ x_1～x_n をデータとして標本統計量を算出します。

○公式：母平均の差の検定〈対応のない場合〉

統計量	n_1+n_2	棄却域
$T=\dfrac{\bar{x}_1-\bar{x}_2}{\sqrt{\dfrac{u_1^2}{n_1}+\dfrac{u_2^2}{n_2}}}$	$\geqq 100$	両側　$\lvert T\rvert > Z_{(\alpha/2)}$ 片側(右)　$T > Z_{(\alpha)}$ 片側(左)　$T < -Z_{(\alpha)}$
σ_1、σ_2 既知のとき $T=\dfrac{\bar{x}_1-\bar{x}_2}{\sqrt{\dfrac{\sigma_1^2}{n_1}+\dfrac{\sigma_2^2}{n_2}}}$ ($n_1+n_2<100$ でも可) $\sigma_1=\sigma_2$ のとき $T=\dfrac{\bar{x}_1-\bar{x}_2}{\sqrt{\dfrac{u^2}{n_1}+\dfrac{u^2}{n_2}}}$ ただし、 $u^2=\dfrac{(n_1-1)u_1^2+(n_2-1)u_2^2}{n_1+n_2-2}$	<100	$\sigma_1=\sigma_2$ 両側　$\lvert T\rvert > t_{(\mathrm{f},\alpha/2)}$ 片側(右)　$T > t_{(\mathrm{f},\alpha)}$ 片側(左)　$T < -t_{(\mathrm{f},\alpha)}$ ただし、$\mathrm{f}=n_1+n_2-2$ σ_1、σ_2 未知のとき 両側　$\lvert T\rvert > t_{(\mathrm{f},\alpha/2)}$ 片側(右)　$T > t_{(\mathrm{f},\alpha)}$ 片側(左)　$T < -t_{(\mathrm{f},\alpha)}$ ただし、 $f=\left(\dfrac{u_1^2}{n_1}+\dfrac{u_2^2}{n_2}\right)^2 \div \left\{\dfrac{u_1^4}{n_1^2(n_1-1)}+\dfrac{u_2^4}{n_2^2(n_2-1)}\right\}$

○公式：母平均の差の検定〈対応のある場合〉

統計量	n	棄却域
$T=\dfrac{\bar{x}}{u/\sqrt{n}}$	任意	両側　$\lvert T\rvert > t_{(f,\alpha/2)}$ 片側(右)　$T > t_{(f,\alpha)}$ 片側(左)　$T < -t_{(f,\alpha)}$ ただし、$f=n-1$

○公式：母比率の差の検定

統計量	n_1、n_2	棄却域
$T=\dfrac{\bar{p}_1-\bar{p}_2}{\sqrt{\bar{p}(1-\bar{p})\left(\dfrac{1}{n_1}+\dfrac{1}{n_2}\right)}}$ ただし $\bar{p}=\dfrac{n_1\bar{p}_1+n_2\bar{p}_2}{n_1+n_2}$	任意	両側　$\lvert T\rvert > Z_{(\alpha/2)}$ 片側(右)　$T > Z_{(\alpha)}$ 片側(左)　$T < -Z_{(\alpha)}$

公式の選び方

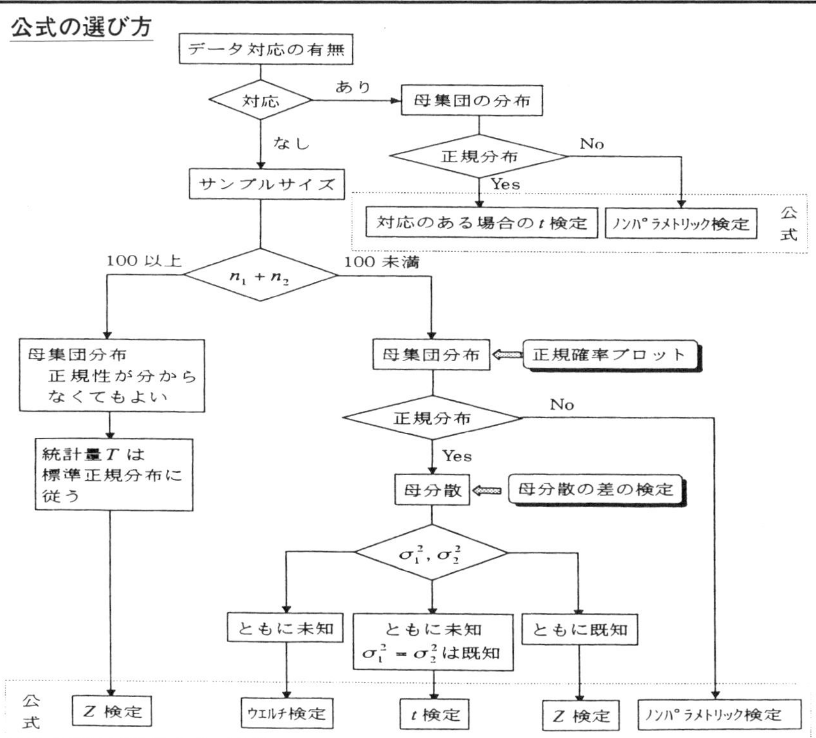

V　統計的検定

例題　12

東京都に居住する20歳以上の人の中から男性250人、女性200人を無作為に選び、△△商品を５点満点で評価してもらいました。その結果、男性は平均点2.72（点）、標準偏差1.00（点）、女性は平均点3.39（点）、標準偏差0.95（点）でした。

東京都に居住する男性と女性とで△△商品の評価に差があるといえるかどうか、有意水準0.05で検定しなさい。

【解　答】

○帰無仮説：$m=m_0$　男性と女性で△△商品の評価は同じ。

○対立仮説：$m \neq m_0$　男性と女性で△△商品の評価は異なる。

○調査結果

標本（サンプル）サイズ　$n_1=250$、$n_2=200$

標本平均　$\overline{x}_1=2.72$、$\overline{x}_2=3.39$

標本標準偏差　$u_1=1.00$、$u_2=0.95$

○統計量 T

$$T=\frac{\overline{x}_1-\overline{x}_2}{\sqrt{\dfrac{u_1^2}{n_1}+\dfrac{u_2^2}{n_2}}}=\frac{2.72-3.39}{\sqrt{\dfrac{1}{250}+\dfrac{0.9025}{200}}}=-7.26$$

○棄却域

有意水準0.05

対立仮説より両側検定

これより棄却域は、$Z_{(\alpha/2)}=Z_{(0.025)}=1.96$

○比較

$|T|>1.96$

●結論

有意水準0.05で、△△商品の評価は男性と女性で異なるといえる。

例題　13

ある薬を投与して30分後に体温を測定したとき、投与前と投与後の体温に差があるかどうかを調べました。

10人をランダムに選び、右表のデータを得ましたが、投与前と投与後で体温に差があるといえるでしょうか。有意水準0.05で検定しなさい。

サンプル	投与前	投与後	差
A	38.5	37.9	0.6
B	36.3	35.1	1.2
C	37.1	37.0	0.1
D	37.5	36.6	0.9
E	39.6	38.6	1.0
F	35.4	36.0	−0.6
G	39.7	39.2	0.5
H	34.5	34.9	−0.4
I	36.5	36.2	0.3
J	36.3	35.5	0.8

【解　答】

○帰無仮説：$m=0$　投与前後の平均体温の差は０である。

○対立仮説：$m\neq0$　投与前後の平均体温の差は０ではない。

○調査結果

x_i	$x_i-\overline{x}$	$(x_i-\overline{x})^2$
0.6	0.16	0.0256
1.2	0.76	0.5776
0.1	−0.34	0.1156
0.9	0.46	0.2116
1.0	0.56	0.3136
−0.6	−1.04	1.0816
0.5	0.06	0.0036
−0.4	−0.84	0.7056
0.3	−0.14	0.0196
0.8	0.36	0.1296
$\sum x_i$	$\sum(x_i-\overline{x})$	$\sum(x_i-\overline{x})^2$
4.4	0.00	3.1840

標本（サンプル）サイズ　$n=10$

標本平均　$\overline{x}=\dfrac{\sum x_i}{n}=\dfrac{4.4}{10}=0.44$

標本標準偏差

$$u=\sqrt{\frac{\sum(x_i-\overline{x})}{n-1}}=\sqrt{\frac{3.1840}{9}}=0.5948$$

○統計量 T

$$T=\frac{\overline{x}}{u/\sqrt{n}}=\frac{0.44}{0.5948/\sqrt{10}}=2.34$$

→次ページに続く

V　統計的検定

○棄却域

有意水準0.05

対立仮説より両側検定

「対応あり」なので、t 検定

自由度 $\mathrm{f}=n-1=9$

$t_{(\mathrm{f},\alpha/2)}=t_{(9,0.025)}=2.262$

○比較

$T>2.262$ より帰無仮説を棄却する。

●結論

有意水準0.05で、平均体温の差は０ではないといえる。すなわち投与前と投与後で、平均体温には差があるといえる。

例題 14

肺ガンの患者30人と非患者60人の喫煙状況を調査したところ、タバコを１日50本以上吸う重喫煙者が患者に12人、非患者に９人いました。

肺ガンの患者の方が非患者より重喫煙者の割合が高いといえるでしょうか。有意水準0.01で検定しなさい。

【解　答】

○帰無仮説：$P_1 = P_2$　肺ガン患者と非患者で、重喫煙者の割合は同じ。

○対立仮説：$P_1 > P_2$　肺ガン患者の重喫煙者の割合は、非患者より高い。

○調査結果

標本（サンプル）サイズ　　$n_1 = 30$（人）、$n_2 = 60$（人）

標本比率　　$\bar{p}_1 = 12 \div 30 = 0.4$、$\bar{p}_2 = 9 \div 60 = 0.15$

○統計量 T

母比率の差の検定公式より、

$$\bar{p} = \frac{n_1 \bar{p}_1 + n_2 \bar{p}_2}{n_1 + n_2} = \frac{30 \times 0.4 + 60 \times 0.15}{30 + 60} = \frac{21}{90} = 0.233$$

$$T = \frac{\bar{p}_1 - \bar{p}_2}{\sqrt{\bar{p}(1-\bar{p})\left(\frac{1}{n_1} + \frac{1}{n_2}\right)}} = \frac{0.4 - 0.15}{\sqrt{0.233 \times (1 - 0.233) \times \left(\frac{1}{30} + \frac{1}{60}\right)}}$$

$$= \frac{0.25}{0.095} = 2.64$$

○棄却域

有意水準0.01

対立仮説より片側検定

母比率の差の検定は、標本（サンプル）サイズに関わらず Z 検定

これより $Z_{(\alpha)} = Z_{(0.01)} = 2.33$

○比較

$T > 2.33$ より帰無仮説を棄却する

●結論

有意水準0.01で、肺ガン患者は非患者より重喫煙者の割合が高いといえる。

Ⅴ　統計的検定

テスト　11

大阪と東京から60世帯を無作為に選び、味噌汁の塩分の量を調べました。右表はその結果です。

関東と関西で味の好みに違いがあるかどうか、有意水準0.05で検定しなさい。

(　　　)…５点、合計100点

味噌汁100 cc あたりの塩分量

	平　均	標準偏差
大阪	2.5(g)	0.4
東京	2.7	0.6

【解　答】

○帰無仮説：$m_1 = m_2$　東京と大阪の、味噌汁の塩分量は
〔1．同じ　2．異なる〕→(　　　)。

○対立仮説：$m_1 \neq m_2$　東京と大阪では、味噌汁の塩分量は
〔1．異なる　2．東京の方が多い　3．大阪の方が多い〕→(　　　)。

○調査結果

標本（サンプル）サイズ　$n_1 = n_2 =$ (　　　)（人）

標本平均　$\overline{x}_1 =$ (　　　)（g）、$\overline{x}_2 =$ (　　　)（g）

標本標準偏差　$u_1 =$ (　　　)（g）、$u_2 =$ (　　　)（g）

○統計量 T

$$T = \frac{\overline{x}_1 - \overline{x}_2}{\sqrt{\dfrac{u_1^2}{n_1} + \dfrac{u_2^2}{n_2}}} = \frac{(\quad)-(\quad)}{\sqrt{\dfrac{(\quad)^2}{(\quad)} + \dfrac{(\quad)^2}{(\quad)}}} = \frac{(\quad)}{(\quad)} = (\quad)$$

○棄却域

有意水準0.05

対立仮説より〔1．両側検定　2．片側検定〕→(　　)

$n_1 + n_2 \geqq 100$

これより棄却域は
→(　　　)

1．$Z_{(\alpha/2)} = Z_{(0.025)} = 1.96$
2．$Z_{(\alpha)} = Z_{(0.05)} = 1.64$
3．$t_{(f,\alpha/2)} = t_{(60+60-2,0.025)} = 1.658$
4．$t_{(f,\alpha)} = t_{(60+60-2,0.05)} = 1.98$

○比較

$|T|$［1．＞　2．＜］→(　　　)棄却域

●結論

有意水準0.05で、味噌汁の塩分量は東京と大阪では異なると
〔1．いえる　2．いえない〕→(　　　)

テスト　12

中学生の英語の学力に男女差があるかどうかを見るために、中学３年生の男子25名、女子23名を無作為に選び、英語の学力テストを行いました。平均点は男子が72.4（点）、女子が68.2（点）、得点の分散は男子が100、女子が81でした。

中学生の英語の学力に男女差があるといえるでしょうか。有意水準0.05で検定しなさい。ただし、過去のデータから、英語の成績のバラツキは男子と女子で差がないことが分かっています。

（　　　）…４点、合計100点

【解　答】

○帰無仮説：$m_1 = m_2$　中学生男子と女子の英語の学力は
〔１．同じ　２．異なる〕→（　　　）。

○対立仮説：$m_1 \neq m_2$　中学生の英語の学力は男子と女子では
〔１．異なる　２．男子の方が高い　３．女子の方が高い〕→（　　　）。

○調査結果

標本（サンプル）サイズ　　$n_1 = 25$（人）、　$n_2 = 23$（人）

標本平均　　$\bar{x}_1 =$（　　　）（点）、$\bar{x}_2 =$（　　　）（点）

標本標準偏差　　$u_1 =$（　　　）（点）、$u_2 =$（　　　）（点）

○統計量 T

「母平均の差の検定」の公式を適用。ただし、$n_1 + n_2 < 100$、$\sigma_1 = \sigma_2$ なので、標準偏差は以下の u を用いる。

$$u^2 = \frac{(n_1 - 1)u_1^2 + (n_2 - 1)u_2^2}{n_1 + n_2 - 2} = \frac{(\quad)\times(\quad)+(\quad)\times(\quad)}{25+23-2} = (\quad)$$

$$T = \frac{\bar{x}_1 - \bar{x}_2}{\sqrt{\dfrac{u^2}{n_1} + \dfrac{u^2}{n_2}}} = \frac{(\quad)-(\quad)}{\sqrt{\dfrac{(\quad)}{(\quad)} + \dfrac{(\quad)}{(\quad)}}} = \frac{(\quad)}{(\quad)} = (\quad)$$

○棄却域

有意水準〔１．0.05　２．0.01〕→（　　　）

対立仮説より〔１．両側検定　２．片側検定〕→（　　　）

$n_1 + n_2 < 100$

これより棄却域は
→（　　　）

〔１．$Z_{(\alpha/2)} = Z_{(0.025)} = 1.96$
２．$Z_{(\alpha)} = Z_{(0.05)} = 1.64$
３．$t_{(f,\alpha/2)} = t_{(25+23-2,0.025)} = 2.013$
４．$t_{(f,\alpha)} = t_{(25+23-2,0.05)} = 1.679$〕

→次ページに続く

V　統計的検定

○比較

$|T|$〔1．＞　2．＜〕→(　　　)棄却域

●結論

有意水準0.05で、中学生の英語の学力は男子と女子で異なると

〔1．いえる　2．いえない〕→(　　　)

4点も差があるのに、どうして男子の方が
できるといえないんだよ

中村くんは，何故なのか
わかっているよね

は、はい
サンプルサイズ
が小さい
からです

テスト　13

ある小学校で、１年生の身長に男女差があるかどうかを調べるために、男子６人、女子４人を無作為に選び、身長を測りました。

男子(cm)	124	120	122	116	118	120
女子(cm)	113	114	115	114		

この結果から、この小学校の１年生の平均身長は女子より男子の方が高いといえるかどうか有意水準0.05で検定しなさい。

（　　　）…２点〈　　　〉…１点、合計100点

【解　答】

○帰無仮説：$m_1 = m_2$

男子と女子の平均身長は〔１．同じ　２．異なる〕→（　　　）。

○対立仮説：m_1〔１．$\neq$　２．$>$　３．$<$〕→（　　）m_2

平均身長は男子と女子では〔１．異なる　２．男子の方が高い　３．女子の方が高い〕→（　　　）。

○調査結果

男子

	x_i	$x_i - \bar{x}$	$(x_i - \bar{x})^2$
1	124	〈　　〉	〈　　〉
2	120	〈　　〉	〈　　〉
3	122	〈　　〉	〈　　〉
4	116	〈　　〉	〈　　〉
5	118	〈　　〉	〈　　〉
6	120	〈　　〉	〈　　〉
計	$\sum x_i$ （　　）	$\sum (x_i - \bar{x})$ 0	$\sum (x_i - \bar{x})^2$ （　　）

女子

	x_i	$x_i - \bar{x}$	$(x_i - \bar{x})^2$
1	113	〈　　〉	〈　　〉
2	114	〈　　〉	〈　　〉
3	115	〈　　〉	〈　　〉
4	114	〈　　〉	〈　　〉
計	$\sum x_i$ （　　）	$\sum (x_i - \bar{x})$ （　　）	$\sum (x_i - \bar{x})^2$ （　　）

標本（サンプル）サイズ　$n_1 =$（　　　）（人）、$n_2 =$（　　　）（人）

標本平均　$\bar{x}_1 =$（　　　）(cm)、$\bar{x}_2 =$（　　　）(cm)

標本分散　$u_1^2 =$（　　　）(cm)、$u_2^2 =$（　　　）(cm)

○統計量 T

「母平均の差の検定」の公式を適用。

$$T = \frac{\bar{x}_1 - \bar{x}_2}{\sqrt{\dfrac{u_1^2}{n_1} + \dfrac{u_2^2}{n_2}}} = \frac{(\quad) - (\quad)}{\sqrt{\dfrac{(\quad)}{(\quad)} + \dfrac{(\quad)}{(\quad)}}} = \frac{(\quad)}{(\quad)} = (\quad)$$

→次ページに続く

V　統計的検定

○棄却域

有意水準0.05

対立仮説より〔1．両側検定　2．片側検定〕→(　　　)

$n_1+n_2<100$

σ_1、σ_2が未知、$n_1+n_2<100$ よりウェルチの検定を用いる。

これより自由度 f は、

$$f=\left(\frac{u_1^2}{n_1}+\frac{u_2^2}{n_2}\right)^2\div\left\{\frac{u_1^4}{n_1^2(n_1-1)}+\frac{u_2^4}{n_2^2(n_2-1)}\right\}$$

$$=\left\{\frac{(\quad)}{(\quad)}+\frac{(\quad)}{(\quad)}\right\}^2\div\left\{\frac{(\quad)}{(\quad)}+\frac{(\quad)}{(\quad)}\right\}$$

$$=(\quad)\div(\quad)=(\quad)$$

これより棄却域は〔1．$t_{(f,\alpha/2)}$　2．$t_{(f,\alpha)}$〕→(　　)

$$=t\{(\quad),\ 0.05\}=(\quad)$$

○比較

T〔1．>　2．<〕→(　　　)棄却域

●結論

有意水準0.05で、この小学校1年生の平均身長は男子のほうが女子より高いと〔1．いえる　2．いえない〕→(　　　)

テスト 14

体育の指導前と指導後で、100m走のタイムに差が生じるかどうかを調べました。無作為に選んだ5人の生徒を調べたところ、右の結果を得ました。指導後は指導前よりタイムが良くなったといえるでしょうか。

有意水準0.05で検定しなさい。

No.	指導前	指導後	差
1	13.1	12.8	0.3
2	13.2	13.1	0.1
3	14.0	14.2	−0.2
4	13.5	13.5	0.0
5	13.3	13.1	0.2

（　　）… 4 点〈　　〉… 1 点、合計100点

【解　答】

○帰無仮説：$m=0$

指導前後の平均タイムの差は0〔1．である　2．ではない〕→（　　）。

○対立仮説：m_1〔1．≠　2．>　3．<〕→（　　）0

指導前後の平均タイムの差は0〔1．ではない　2．より大きい　3．より小さい〕→（　　）。

○調査結果

No.	x_i	$x_i-\bar{x}$	$(x_i-\bar{x})^2$
1	0.3	〈　　〉	〈　　〉
2	0.1	〈　　〉	〈　　〉
3	−0.2	〈　　〉	〈　　〉
4	0.0	〈　　〉	〈　　〉
5	0.2	〈　　〉	〈　　〉
計	Σx_i 〈　　〉	$\Sigma(x_i-\bar{x})$ 0	$\Sigma(x_i-\bar{x})^2$ 〈　　〉

標本（サンプル）サイズ　$n=$（　　）（人）

標本平均　$\bar{x}=$（　　）（秒）

偏差平方和　$S=$（　　）

標本標準偏差　$u=\sqrt{V}=$（　　）

標本分散　$V=\dfrac{S}{n-1}=\dfrac{(\quad)}{(\quad)}=$（　　）

○統計量 T

【対応のある場合】の公式を適用。

$$T=\frac{\bar{x}}{u/\sqrt{n}}=\frac{(\quad)}{(\quad)/\sqrt{(\quad)}}=(\quad)$$

→次ページに続く

V　統計的検定

○棄却域

有意水準0.05

対立仮説より〔1．両側検定　2．片側検定〕→(　　)

対応のある場合の検定は、常に t 検定。

自由度 $f=n-1=$(　　　)

これより棄却域は　［1．$t_{(f,\alpha/2)}=t_{(4,0.025)}=$(　　　)

→(　　　)　　　　　2．$t_{(f,\alpha)}=t_{(4,0.05)}=$(　　　)］

○比較

T〔1．>　2．<〕→(　　　)－棄却域

●結論

有意水準0.05で、指導前後の平均タイムの差は0より大きいと〔1．いえる　2．いえない〕→(　　　)

すなわち、指導後は指導前に比べて速く走れるようになったと〔1．いえる　2．いえない〕→(　　　)

対応のないデータに〈対応のある場合〉の公式をつかうのは、インチキだよ

テスト　15

ある地域で450名を無作為抽出し、伝染病の予防接種の効果を調べ、右表の結果を得ました。予防接種は有効であったといえるでしょうか。

有意水準0.01で検定しなさい。

	罹患	非罹患	計
接種した	6	194	200
接種しない	10	240	250
計	16	334	450

〔　　　〕… 4 点、（　　　）… 3 点、合計100点

POINT　罹患率を計算し、母比率の差の検定を行います。

【解　答】

○帰無仮説：$P_1 = P_2$

予防接種した場合の罹患率は、しない場合と〔1．同じ　2．異なる〕→（　　　）。

○対立仮説：P_1〔1．≠　2．＞　3．＜〕→（　　　）P_2

予防接種した場合の罹患率は、しない場合〔1．と異なる　2．より高い　3．より低い〕→（　　　）。

○調査結果

標本（サンプル）サイズ　$n_1 = (\quad)$（人）、$n_2 = (\quad)$（人）

標本比率　$\bar{p}_1 = \dfrac{(\quad)}{(\quad)} = (\quad)$　$\bar{p}_2 = \dfrac{(\quad)}{(\quad)} = (\quad)$

○統計量 T

【母比率の検定】の公式を適用。

$$\bar{p} = \frac{n_1 \bar{p}_1 + n_2 \bar{p}_2}{n_1 + n_2} = \frac{(\quad)\times(\quad)+(\quad)\times(\quad)}{(\quad)+(\quad)} = (\quad)$$

$$T = \frac{\bar{p}_1 - \bar{p}_2}{\sqrt{\bar{p}(1-\bar{p})\left(\dfrac{1}{n_1}+\dfrac{1}{n_2}\right)}} = \frac{(\quad)-(\quad)}{\sqrt{(\quad)\times\{1-(\quad)\}\times\left\{\dfrac{1}{(\quad)}+\dfrac{1}{(\quad)}\right\}}}$$

$$= \frac{(\quad)}{\sqrt{(\quad)\times(\quad)\times(\quad)}} = (\quad)$$

○棄却域

有意水準0.01

対立仮説より〔1．両側検定　2．片側検定〕→（　　　）

母比率の差の検定は、標本（サンプル）サイズに関わらず Z 検定

これより棄却域は→（　　　）

$$\left[\begin{array}{l} 1．Z_{(\alpha/2)} = Z_{(0.005)} = 2.58 \\ 2．Z_{(\alpha)} = Z_{(0.01)} = 2.33 \end{array}\right]$$

→次ページに続く

V　統計的検定

○比較

　T〔1．＞　2．＜〕→(　　　)－棄却域

●結論

　有意水準0.01で、予防接種後の罹患率は接種前より低い（即ち予防接種の効果があった）と〔1．いえる　2．いえない〕→(　　　)

Ⅵ ノンパラメトリックの検定

1. ノンパラメトリック検定とは

V章で解説した検定とこれから述べる検定とを合わせて、検定手法の体系を図にしてみます。

データ		数　量	カテゴリー		順　位
統計量		①平均	②比率	③度数	④平均順位
1標本		Z 検定 ($n \geqq 100$)	Z 検定 ($n \geqq 30$)	χ^2 検定 (適合度の検定)	
		t 検定 ($n < 100$)	F 検定 ($n < 30$)		
2標本	対応なし	Z 検定 ($n_1 + n_2 \geqq 100$)	Z 検定 $n_1 + n_2$ 任意	χ^2 検定 (独立性の検定)	ウィルコクソンの 順位和検定 (U 検定)
		t 検定 ($n_1 + n_2 < 100$)			
	対応あり	t 検定 (n 任意)			ウィルコクソンの 符号順位和検定 (サインランク検定)

ここまでみてきたのは、①平均と②比率に関する検定手法でした。ここからは③度数と④平均順位に関する検定手法をみていきます。①、②の検定をパラメトリック検定、③、④の検定をノンパラメトリック検定といいます。ノンパラメトリック検定は、度数・順位などのデータ形態で、母集団の分布が特定できないときに用いられる手法です。

χ^2
エックス2乗ではなくて，
カイ2乗と読むんだよ

Ⅵ　ノンパラメトリック検定

ノンパラメトリックの検定は、大きく二種類に分けられます。

1．度数分布表に関する検定

カテゴリーデータを統計的に処理する場合、各々の分類ごとに該当するデータの数(度数)を求め、表のかたちにまとめたものを用います。これを**度数分布表**といいます。

度数分布表に関する検定には、**適合度の検定**と**独立性の検定**とがあります。

2．順位データに関する検定

順位データに関する検定は、「対応がある場合」と「対応がない場合」にわけられます。

「対応がある場合」の検定手法としてウィルコクソンのサインランク検定、「対応がない場合」の手法として、ウィルコクソンの順位和検定(U 検定)があります。

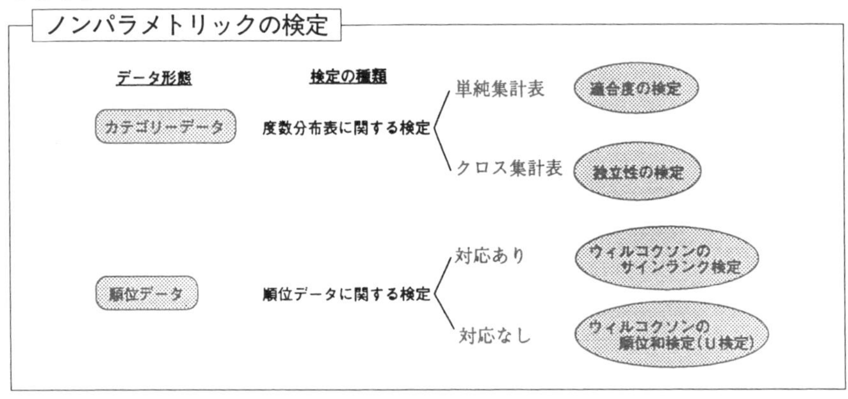

この本では、度数分布表に関する検定を解説します。

1．ノンパラメトリックの検定とは

POINT データ形態について

○この本で扱うデータは、次の３種類に分けることができます。

1．数量データ
2．順位データ
3．カテゴリーデータ

○この本の最初でお話ししたように、**統計学ではどんな種類のデータであっても必ず数値に変換しなければなりません。**ただしデータの種類(これを**データ形態**といいます)によって、変換後の数値の性質が異なります。

1．数量データ

✎例えば身長・体重などは数量データです。数量データは最初から数値なので、変換する必要はありません。またデータどうしを足し合わせたり、基準化したり、平均や分散などの代表値を求めることも自由です。

2．順位データ

✎例えば100 m 走の着順は順位データです。また「５種類のお菓子をおいしい順に並べる」「授業のわかりやすさを３段階で評価する」といったデータも、順位データです。順位データも数値ですから、変換の必要はありません。しかし、順位データの数値は順番を表しているだけなので、データどうしの間隔や比率を扱うことはできません。「お菓子のおいしさ」でいえば、「１位は５位の５倍おいしい」ということはできません。

3．カテゴリーデータ

✎例えば性別・血液型などはカテゴリーデータです。これはそもそも数値ではない情報を、数値に変換したものです。変換された数値は単なる分類の意味しか持ちません。従って、数値の大小を比較したり、四則演算を行ったりすることはできません。そこでカテゴリーデータを扱う場合は、各カテゴリー別にデータ数を集計し、度数分布(集計表)を作成して統計的な処理を行います。

〔解説１〕適合度の検定の考え方

☆　次の例で、検定の手順を追ってみましょう。

あるサイコロが不正につくられたものかどうかを調べるために、60回投げて出た目の数を集計しました。次の表はその結果です。このサイコロは不正につくられたサイコロといえるでしょうか。ただし、正しくつくられたサイコロの１～６の目の出る確率は、全て1/6で等しいものとします。

サイコロのテスト結果

目の数	1	2	3	4	5	6	計
出現回数	9	4	16	13	5	13	60

Ｖ章で学んだ検定手法と同じく、帰無仮説は「**差がない(等しい)**」という仮説です。

Ｖ章では、１集団の代表値と比較値、あるいは２集団の代表値のあいだに差があるかどうかを調べました。

度数分布表の検定では、「差がある」か「差がない」かが問題であって、「大きい」か「小さい」かを問題にすることはできません。従って、対立仮説は「**差がある**」という仮説ひとつだけです。

❍この例での帰無仮説、対立仮説は次のとおりです。

○帰無仮説：１～６の目の出る確率は等しい。

○対立仮説：１～６の目の出る確率は異なる。

2．適合度の検定

❍統計量 T を求めます。

確率に対応する統計量 T は、次の公式によって求められます。

公式：適合度の検定

$$T=\sum\frac{(n_i-nP_i)^2}{nP_i}$$

ただし、サイコロの目の数(カテゴリー数)を C

単純集計表の各セルの度数を、n_1、n_2…、n_i…、n_c

帰無仮説で設定された各セルの比率を P_1、P_2、…、P_i、…、P_c

全度数を n とします。

✍1から6の目の出る確率を、P_1～P_6 とします。帰無仮説のもとで想定される各セルの理論的な度数(出現回数)は、全度数にこの P_1～P_6 を掛けて求められます。これを期待度数といい、実際にテストして得られた出現回数を実測度数といいます。

すなわちV章で見てきた検定と同様に、この T 値も帰無仮説のもとで実測度数がおこりうる確率を考えるための値です。

Σ(シグマ)が久々に出てきましたが、Σの意味を忘れていてもドキドキすることはありません。既に学んだ分散の公式を見てみると、適合度の検定の公式が分散の公式にそっくりのかたちをしていることがわかります。

つまりこの公式によって得られる T 値は、単純集計表の各セルの実測度数が、設定された期待度数からどのくらいばらついているかを示すものです。

T 値を求めてみましょう。

$n=60$、

$nP_1=nP_2=nP_3=nP_4=nP_5=nP_6=10$、

$n_1=9$、$n_2=4$、$n_3=16$、$n_4=13$、$n_5=5$、$n_6=13$

$$T=\frac{(9-10)^2}{10}+\frac{(4-10)^2}{10}+\frac{(16-10)^2}{10}+\frac{(13-10)^2}{10}+\frac{(5-10)^2}{10}+\frac{(13-10)^2}{10}$$

$$=\frac{1+36+36+9+25+9}{10}=\frac{116}{10}=11.6$$

Ⅵ　ノンパラメトリックの検定

❍ T 値を χ^2 値と比較し、T 値の方が大きければ帰無仮説を棄却します。

Ｖ章で述べた検定手法と同様に、有意水準(ここでは0.05)に対応する統計量と T 値を比較します。

適合度の検定では、χ^2(カイ自乗)値と呼ばれる値を T 値と比較します。

χ^2 値は χ^2 分布という分布の横軸の値です。帰無仮説のもとで何千回、何万回も T 値を求め、得られた T 値の確率をとってゆくと、T 値の確率はこの χ^2 分布に従うことがわかっています。

求める χ^2 値は、$\chi^2(\mathrm{f},\ \alpha)$ と表示します。f は自由度$=c-1$、α は有意水準です。

ここでは $\chi^2(5,\ 0.05)=11.07$ となります。

$T>\chi^2(\mathrm{f},\ \alpha)$ より、帰無仮説を棄却します。すなわち、「実測度数と期待度数には差があるといえる」という結論が導かれます。つまり、このサイコロは１～６の目が出る確率が同じではない、不正なものといえます。

●結論

有意水準0.05で、このサイコロは不正であるといえる。

POINT　帰無仮説は結論にできません。

帰無仮説が棄却できたので、有意水準0.05で「不正なサイコロである」という結論を出しました。ところで、ここでもし帰無仮説が棄却できなかったとしても、それをもって「正しいサイコロである」という結論を出すことはできません。検定したのはあくまでも“不正なサイコロといえるかどうか”であって、「不正とはいえない」という結論と、「正しい」という結論とは別物であるということです。

検定の結論として採択できるのは対立仮説だけであって、帰無仮説が棄却できなかったとしても帰無仮説を結論として採択することはできません。検定の結果、帰無仮説が棄却できなかったときは、結論の文脈に注意する必要があります。

実験してみましょう【8】

【実験8-1】　サイコロを60回投げて、1～6の目の出た回数を記録します。さらにこの度数分布表の統計量 T を求めます。

【実験8-2】　【実験8-1】を1,000回行い、求められた1,000個の統計量 T の、度数分布表と相対度数グラフを作成します。

【実験8-1】

期待度数の比率 $P_j=1/6\ (j=1,2,3,4,5,6)$　サイコロを投げた回数 $n=60$

	1	2	3	4	5	6	合計
	1/6	1/6	1/6	1/6	1/6	1/6	1
期待度数 np_j	10	10	10	10	10	10	60
実測度数 n_j	9	9	10	11	7	14	60
$\dfrac{(n_j-np_j)^2}{np_j}$	0.100	0.100	0.000	0.100	0.900	1.600	2.80

統計量　$T=\sum_{j=1}^{6}\dfrac{(\text{実測度数}-\text{期待度数})^2}{\text{期待度数}}=2.80$

【実験8-2】

統計量Tiの平均＝4.92　統計量Tiの標準偏差＝3.10　統計量Tiの分布＝カイ自乗分布
標本サイズn＝60

度数分布表

No.	階級の幅	階級値	度数	相対度数
1	0.00～1.57	0.79	88	0.09
2	1.57～3.14	2.36	225	0.23
3	3.14～4.71	3.93	245	0.25
4	4.71～6.28	5.49	175	0.18
5	6.28～7.85	7.07	113	0.11
6	7.85～9.42	8.64	80	0.08
7	9.42～10.99	10.20	23	0.02
8	10.99～12.56	11.77	22	0.02
9	12.56～14.13	13.34	14	0.01
10	14.13～15.70	14.91	7	0.01
11	15.70～17.27	16.48	5	0.01
12	17.27～18.84	18.05	1	0.00
13	18.84～20.41	19.62	1	0.00
	合計		1000	1.00

分布グラフ　抽出回数　1000回

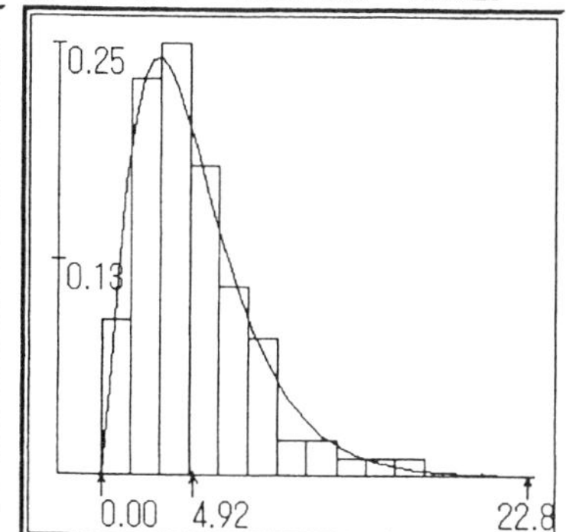

〔解説２〕適合度の検定の手順と記述

148ページの例を、順を追って記述してみます。

<table>
<tr><th></th><th>手順と記述</th><th>備　考</th></tr>
<tr><td>1</td><td>帰無仮説　$P_1 = P_2 = \cdots P_6 = 1/6$
１〜６の目の出る確率は等しい。</td><td rowspan="2">✍「期待度数は実測度数に等しい」と仮定する。
✍「このサイコロは不正なものどうか」を検証することが、この分析の目的。</td></tr>
<tr><td>2</td><td>対立仮説　$P_1 \neq P_2 \neq \cdots \neq P_6$
１〜６の目の出る確率は異なる。</td></tr>
<tr><td>3</td><td>実験結果　標本サイズ $n = 60$
実測度数<table><tr><td>n_1</td><td>n_2</td><td>n_3</td><td>n_4</td><td>n_5</td><td>n_6</td></tr><tr><td>9</td><td>4</td><td>16</td><td>13</td><td>5</td><td>13</td></tr></table></td><td></td></tr>
<tr><td>4</td><td>統計量 T
$T = \sum \frac{(n_i - np_i)^2}{np_i}$
$= \frac{1+36+36+9+25+9}{10}$
$= \frac{116}{10} = 11.6$</td><td>✍期待度数 $np_{1\sim6}$ は、全て＝10となる。帰無仮説のもとで、実験結果が起こりうる確率 P を考える。統計量 T は、この確率 p を考えるために算出するもの。</td></tr>
<tr><td>5</td><td>棄却域　有意水準0.05
自由度 f＝$c-1=6-1=5$
これより棄却域は
$\chi^2(\mathrm{f},\ \alpha) = \chi^2(5,\ 0.05) = 11.07$</td><td> 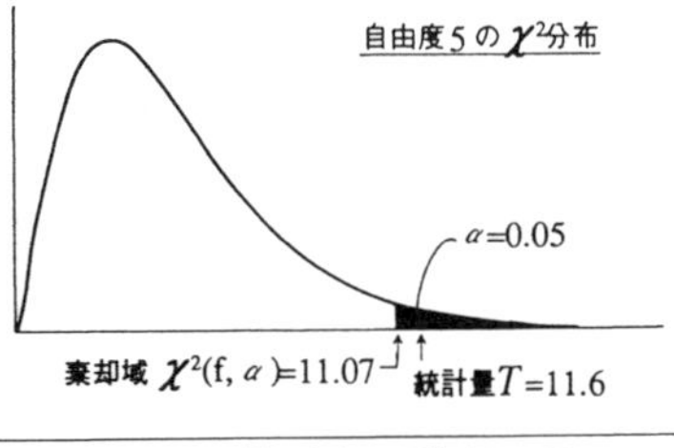自由度５の χ^2分布
α=0.05
棄却域 $\chi^2(\mathrm{f}, \alpha)$=11.07
統計量T=11.6</td></tr>
<tr><td>6</td><td>統計量 T と棄却域の比較
$T > 11.07$ より帰無仮説を棄却する。</td><td>✍このような差が出る確率 p は $\alpha=0.05$ より小さい。ゆえに帰無仮説を棄却し、対立仮説を採択する。</td></tr>
<tr><td>7</td><td>結論
●有意水準0.05で、このサイコロは不正なもの（１〜６の目の出る確率が異なる）といえる。</td><td>✍結論は、「対立仮説で仮定した事がいえる（いえない）」という表現をとる。
帰無仮説は結論にできない。</td></tr>
</table>

例題 15

ある大学で学生50人をランダムに選び、支持政党を調査したところ、次表の結果を得ました。

この大学の学生は特定の政党を支持する傾向を持つといえるでしょうか。有意水準0.05で検定しなさい。

政　党	A	B	C	D	計
支持数	20	15	10	5	50

【解　答】

○帰無仮説：$p_1=p_2=p_3=p_4=1\div 4=0.25$ 各政党の支持率は等しい。

○対立仮説：各政党の支持率は等しくない。

○調査結果

標本（サンプル）サイズ　$n=50$（人）

政　党	A	B	C	D	計
実測度数	$n_1=20$	$n_2=15$	$n_3=10$	$n_4=5$	$n=50$

○統計量 T

政　党	A	B	C	D
期待度数	$n\times p_1$ $=12.5$	$n\times p_2$ $=12.5$	$n\times p_3$ $=12.5$	$n\times p_4$ $=12.5$

$$T=\Sigma\left(\frac{n_i-np_i}{np_i}\right)^2$$

$$=\frac{(20-12.5)^2}{12.5}+\frac{(15-12.5)^2}{12.5}+\frac{(10-12.5)^2}{12.5}+\frac{(5-12.5)^2}{12.5}$$

$$=\frac{7.5^2}{12.5}+\frac{2.5^2}{12.5}+\frac{(-2.5)^2}{12.5}+\frac{(-7.5)^2}{12.5}=10$$

Ⅵ　ノンパラメトリックの検定

○棄却域

有意水準0.05

自由度 $f=c-1=4-1=3$

$\chi^2(f, \alpha)=\chi^2(3, 0.05)=7.815$

○比較

$T>7.815$ より帰無仮説を棄却する

●結論

有意水準0.05で、この大学では各政党の支持率は等しくない（特定の政党を支持する傾向にある）といえる。

テスト　16

硬貨を50回投げたところ、表が30回出ました。この硬貨は不正にものといえるかどうかを、有意水準0.05で検定しなさい。

（　　）…5点、合計100点

【解　答】

○帰無仮説：$p_1=p_2=0.5$　表と裏の出る確率は等しい。

○対立仮説：$p_1\neq p_2\neq 0.5$　表と裏の出る確率は異なる。

✍正しい硬貨の表と裏の出る確率は同じと考えます。

○実験結果

標本(サンプル)サイズ $n=50$ 回

	表	裏	計
実測度数	（　　）	（　　）	（　　）
期待度数	（　　）	（　　）	（　　）

○統計量 T

$$T=\sum\frac{(n_i-np_i)^2}{np_i}$$

$$=\frac{\{(\quad)-(\quad)\}^2}{(\quad)}+\frac{\{(\quad)-(\quad)\}^2}{(\quad)}=(\quad)$$

○棄却域

有意水準0.05

自由度 f＝カテゴリー－1)＝(　　　)

✍カテゴリー数は「表」「裏」の２つ。

$\chi^2(\mathrm{f},\ \alpha)=\chi^2\{(\quad,\ 0.05)=(\quad)$

○比較

$|T|$〔１．＞　２．＜〕→棄却域

ゆえに帰無仮説が〔１．棄却できる　２．棄却できない〕→(　　　)

これより対立仮説が〔１．採択される　２．採択できない〕→(　　　)

●結論

有意水準0.05で、この硬貨は表と裏の出る確率が異なる(不正な硬貨である)と〔１．いえる　２．いえない〕。→(　　　)

【別　解】

✍この例のようにカテゴリー数が2の場合、**母比率の検定**を用いて解くことができます。

○帰無仮説：$P=p_0=0.5$ 母比率は0.5に等しい。

○対立仮説：$P\neq p_0=0.5$ 母比率は0.5ではない。

正しい硬貨の表（裏）の出る確率は0.5と考えます。

○実験結果

標本（サンプルサイズ）　$n=50$（回）

標本比率　$\overline{p}=30\div 50=0.6$

比較率　$p_0=0.5$

○統計量 T

$$T=\frac{\overline{p}-p_0}{\sqrt{p_0(1-p_0)}/\sqrt{n}}=\frac{0.6-0.5}{\sqrt{0.5\times(1-0.5)}/\sqrt{50}}$$

$$=\frac{0.1}{0.071}=1.41$$

○棄却域

有意水準0.05

対立仮説より両側検定

$n\geqq 30$ より Z 検定

これより $Z_{(\alpha/2)}=Z_{(0.025)}=1.96$

○比較

$T<1.96$ より帰無仮説を棄却できない。

●結論

有意水準0.05で、この硬貨は表と裏の出る確率が異なる（不正な硬貨である）とはいえない。

3．独立性の検定

〔解説１〕独立性の検定の考え方

独立性の検定は、**クロス集計表**に適用する検定手法です。

クロス集計とは、２つの分類項目を組み合わせ(例えば「性別」と「血液型」、「色」と「形」、etc.)、それぞれの分類をクロスさせて、各セルに該当するデータ数を表示したものです。

分類項目が２つであることを除けば、基本的な考え方は適合度の検定と同じです。

☆　次の例で、検定の手順を追ってみましょう。

ある都市の有権者200名について、支持政党と性別を調査しました。次の表はその結果です。

性別と支持政党は関連があるといえるでしょうか。

男女別の支持政党

		支持政党		
		A	B	C
性別	男	50	20	10
	女	30	40	50

この種の表は、比率を
算出しますよね
でも検定する時は度
数でやらないとダメだよ

Ⅵ　ノンパラメトリックの検定

❍適合度の検定と同様に、**期待度数**を求めてみましょう。

独立性の検定の場合、期待度数は次のような考え方で求められます。

もしも性別と支持政党に全く関連がなければ、次の①、②が同時に成立すると考えられます。

① 全度数(ここでは200)における男女比率と、A～Cの各政党を支持する人の男女比率は同じになるはずです。

② 全度数におけるA～Cの政党支持率と、男性、および女性におけるA～Cの政党支持率は同じになるはずです。

①、②が同時に成立するような度数を求めてみましょう。

まずは縦・横それぞれの、度数の合計を求めます。

男女別の支持政党

		支持政党			合計
		A	B	C	
性別	男	50	20	10	80
	女	30	40	50	120
合　計		80	60	60	200

①、②が成立するように、それぞれのセルの確率を求め、期待度数を算出します。期待度数は、それぞれのセルの縦計と横計を掛け、全度数で割ることによって求めることもできます。

各セルの確率と期待度数は、次のようになります。

男女別の支持政党：期待度数の比率

		支持政党			合計
		A	B	C	
性別	男	**0.16**	**0.12**	**0.12**	0.4
	女	**0.24**	**0.18**	**0.18**	0.6
合計		0.4	0.3	0.3	1.0

男女別の支持政党：期待度数

		支持政党			合計
		A	B	C	
性別	男	**32**	**24**	**24**	80
	女	**48**	**36**	**36**	120
合計		80	60	60	200

すなわち、この例での帰無仮説・対立仮説は次のとおりです。
○**帰無仮説**：母集団の比率と期待度数(上記の比率)は等しい。
○**対立仮説**：母集団の比率と期待度数(上記の比率)は異なる。

母集団が上記の比率に従っていると仮定したとき、期待度数と実測度数との差がどれほどの確率でおこりうるかを計算し、あらかじめ定めた有意水準よりも確率が低ければ、帰無仮説を棄却します。

帰無仮説が棄却されなかった場合、「2つの分類項目(ここでは『性別』と『支持政党』)は**独立である**」とみなします。“独立である”とは、2つの分類項目のあいだには関連がない、という意味です。

帰無仮説が棄却された場合、「2つの分類項目は**独立ではない**」とみなします。“独立でない”とは、2つの分類項目に何らかの関連がある、という意味です。

独立性の検定,適合度の検定は
両側・片側の区別はないよ

Ⅵ　ノンパラメトリックの検定

❍統計量 T を求めます。

独立性の検定の場合、統計量 T は次の公式によって求められます。

公式：独立性の検定

$$T=\sum_{j=1}^{A}\sum_{i=1}^{B}\frac{\left(n_{ij}-\frac{n_j\times n_i}{n}\right)^2}{\frac{n_j\times n_i}{n}}$$

ただし、A、B は、それぞれ縦・横の分類の数。
n_{ij} は、クロス表における i 列、j 段の実測度数。
n_i、n_j は、それぞれ i 列、j 段の度数の合計。
n は総度数。

なにやら恐ろしげに見えるかもしれませんが、意味するところは適合度の検定の公式と同じです。

$\frac{n_j\times n_i}{n}$ は、先ほど述べたとおり、各セルの**期待度数**です。n_{ij} は各セルの実測度数ですから、それぞれを nP_i、n_i に置き換えれば、この式は適合度の検定と同じものになってしまいます。

Σ が 2 つあるのは、n を特定するための分類項目が i、j の 2 つあるためです。要は i、j それぞれを 1 から A、B まで変化させて、得られた値を足し合わせれば良いということです。

適合度の検定でも見てきたように、この公式は既に学んだ**分散**の公式と同じかたちをしています。ですから得られた T 値は、期待度数からの実測度数のバラツキをあらわしているということになります。

T 値を求めてみましょう。

$$T=\frac{(50-80\times 80\div 200)^2}{80\times 80\div 200}+\frac{(20-60\times 80\div 200)^2}{60\times 80\div 200}+\cdots+\frac{(50-60\times 120\div 200)^2}{60\times 120\div 200}$$

$=31.6$

3．独立性の検定

❍適合度の検定と同じく、T 値を χ^2(f、α)の値と比較します。

ただし、自由度 f=$(A-1)(B-1)=(2-1)(3-1)=2$　となります。有意水準は0.05とします。

したがって、$\chi^2(f,\ \alpha)=\chi^2(2,\ 0.05)=5.991$

$T>\chi^2(2,\ 0.05)$より、仮説を棄却します。

●結論

有意水準0.05で、母集団の比率と期待度数の比率には差があるといえます。

帰無仮説が棄却されたので、「性別」と「支持政党」は**独立ではない**といえます。すなわち、性別によって支持する政党が異っている傾向がみられる、ということがいえます。

Ⅵ　ノンパラメトリックの検定

例題　16

開発中のある医薬品を、200の症例についてテストしました。右表はその結果です。

この医薬品に効果があったかどうか、有意水準0.05で検定しなさい。

	効果		
	あり	なし	計
投　与	70	20	90
非投与	50	60	110
計	120	80	200

【解　答】

○帰無仮説：「投与・非投与」と「効果あり・なし」は互いに独立である。

○対立仮説：「投与・非投与」と「効果あり・なし」は独立でない。

○統計量 T

$$T=\frac{(70-54)^2}{54}+\frac{(20-36)^2}{36}+\frac{(50-66)^2}{66}+\frac{(60-44)^2}{44}=21.55$$

○棄却域

有意水準0.05

自由度 $\mathrm{f}=(\mathrm{A}-1)(\mathrm{B}-1)=1$

$\chi^2(\mathrm{f},\ \alpha)=\chi^2(1,\ 0.05)=3.841$

○比較

$T>3.841$ より帰無仮説を棄却する

●結論

有意水準0.05で、「投与・非投与」と「効果あり・なし」は独立ではない(関連がある)、すなわちこの医薬品は効果があったといえる。

【別　解１】

✎カテゴリー数が２×２の場合、次の公式①を用いることができます。

カテゴリー	B_1	B_2	計
A_1	a	b	y_1
A_2	c	d	y_2
計	x_1	x_2	n

○統計量 T を次の公式によって求めます。

$$T=\frac{n(ad-bc)^2}{x_1\times x_2\times y_1\times y_2}\quad\cdots\cdots①$$

ただし、a、b、c、d のうちどれかが５未満の場合は、χ^2 分布への近似を良くするために次の補正を行います。

$$T=\frac{n(|ad-bc|-n/2)^2}{x_1\times x_2\times y_1\times y_2}\quad\cdots\cdots②$$

ただし、$|ad-bc|$ は絶対値。

✎これを**イエツの補正**といいます。

○検定の手順は先程と同じです。

ちなみに例題15の統計量 T を計算してみると、値は一致します。

$$T=\frac{200\times(70\times60-20\times50)^2}{120\times80\times90\times110}=\frac{2,048,000,000}{95,040,000}=21.55$$

【別　解２】

✎カテゴリー数２×２の場合、**母比率の差の検定**を用いることができます。

○「投与・非投与」別に、「効果あり」の比率を求めます。

投与：70÷90＝0.7778　　　非投与：50÷110＝0.4545

○帰無仮説：「投与」「非投与」の「効果あり」の比率は等しい。

○対立仮説：「投与」「非投与」の「効果あり」の比率は異なる。

○調査結果

標本（サンプル）サイズ：$n_1=90$、$n_2=110$

標本比率：$\bar{p}_1=0.7778$、$\bar{p}_2=0.4545$

○統計量 T

$$\bar{p}=\frac{n_1\bar{p}_1+n_2\bar{p}_2}{n_1+n_2}=\frac{70+50}{200}=0.6$$

$$T=\frac{\bar{p}_1\bar{p}_2}{\sqrt{\bar{p}(1-\bar{p})\left(\frac{1}{n_1}+\frac{1}{n_2}\right)}}=\frac{0.7778-0.4545}{\sqrt{0.6\times(1-0.6)\times\left(\frac{1}{90}+\frac{1}{110}\right)}}$$

$$=\frac{0.3233}{0.06963}=4.643$$

✎この値を２乗すると21.55となり、例題15の統計量 T に一致します。

Ⅵ　ノンパラメトリックの検定

例題　17

開発中のある医薬品を、20の症例についてテストしました。右表はその結果です。

この医薬品に効果があったかどうか、有意水準0.05で検定しなさい。

	効果		計
	あり	なし	
投　与	7	2	9
非投与	5	6	11
計	12	8	20

【解　答】

○帰無仮説：「投与・非投与」と「効果あり・なし」は互いに独立である。

○対立仮説：「投与・非投与」と「効果あり・なし」は独立でない。

○統計量 T

5未満の度数があるので、イエツの補正を行います。

$$T=\frac{n(|ad-bc|-n/2)^2}{x_1\times x_2\times y_1\times y_2}=\frac{20(|42-10|-20\div 2)^2}{12\times 8\times 9\times 11}=\frac{20(32-10)^2}{9504}=\frac{9680}{9504}=1.02$$

○棄却域

有意水準0.05

自由度 $\mathrm{f}=(A-1)(B-1)=1$

$\chi^2(\mathrm{f},\ \alpha)=\chi^2(1,\ 0.05)=3.841$

○比較

$T<3.841$ より帰無仮説を棄却できない

●結論

有意水準0.05で、「投与・非投与」と「効果あり・なし」は独立でない(関連がある)とはいえない。すなわちこの医薬品は効果があったといえない。

POINT　標本(サンプル)サイズ

例題17は、標本(サンプル)サイズが例題16の1/10になっただけで、標本比率・期待度数・棄却域は全く同じです。それなのに例題16では「効果あり」、例題17では「効果ありといえない」という結論が出ました。これはひとえに標本(サンプル)サイズの差によるものです。

このように標本(サンプル)サイズは検定結果を左右することがあるので、サイズを決定する際には注意が必要です。

テスト 17

血液型と支持政党に関連があるかどうかを調べるため、200人にアンケート調査を行いました。右はその結果です。血液型と支持政党の関連性を、有意水準0.05で検定しなさい。

		支持政党			計
		α	β	γ	
血液型	A	25	25	30	80
	O	23	23	14	60
	B	22	10	8	40
	AB	5	7	8	20
計		75	65	60	200

〈　　〉…4点、（　　）…1点、合計100点

【解　答】

○帰無仮説：血液型と支持政党は独立で〔1．ある　2．ない〕．→〈　　　〉

○対立仮説：血液型と支持政党は独立で〔1．ある　2．ない〕．→〈　　　〉

○期待度数

	α	β	γ
A	$\frac{(\quad)\times(\quad)}{200}=(\quad)$	$\frac{(\quad)\times(\quad)}{200}=(\quad)$	$\frac{(\quad)\times(\quad)}{200}=(\quad)$
O	$\frac{(\quad)\times(\quad)}{200}=(\quad)$	$\frac{(\quad)\times(\quad)}{200}=(\quad)$	$\frac{(\quad)\times(\quad)}{200}=(\quad)$
B	$\frac{(\quad)\times(\quad)}{200}=(\quad)$	$\frac{(\quad)\times(\quad)}{200}=(\quad)$	$\frac{(\quad)\times(\quad)}{200}=(\quad)$
AB	$\frac{(\quad)\times(\quad)}{200}=(\quad)$	$\frac{(\quad)\times(\quad)}{200}=(\quad)$	$\frac{(\quad)\times(\quad)}{200}=(\quad)$

○統計量 T

$$T=\frac{\{25-(\quad)\}^2}{(\quad)}+\frac{\{25-(\quad)\}^2}{(\quad)}+\frac{\{30-(\quad)\}^2}{(\quad)}$$
$$+\frac{\{23-(\quad)\}^2}{(\quad)}+\frac{\{23-(\quad)\}^2}{(\quad)}+\frac{\{14-(\quad)\}^2}{(\quad)}$$
$$+\frac{\{22-(\quad)\}^2}{(\quad)}+\frac{\{10-(\quad)\}^2}{(\quad)}+\frac{\{8-(\quad)\}^2}{(\quad)}$$
$$+\frac{\{5-(\quad)\}^2}{(\quad)}+\frac{\{7-(\quad)\}^2}{(\quad)}+\frac{\{8-(\quad)\}^2}{(\quad)}=\langle\quad\rangle$$

→次ページに続く

Ⅵ　ノンパラメトリックの検定

○棄却域

有意水準0.05

自由度 f＝{〈　　〉－1}×{〈　　〉－1}＝〈　　　〉

χ^2(f，0.05)＝χ^2(〈　　〉，0.05)＝〈　　　〉

○比較

統計量 T〔1．＞　2．＜〕→〈　　〉棄却域

●結論

有意水準0.05で、血液型と支持政党は独立でない(関連がある)と

〔1．いえる　2．いえない〕→〈　　　〉

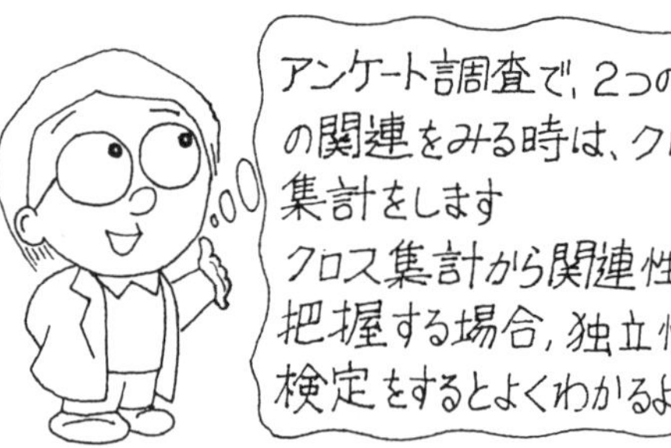

アンケート調査で，2つの事柄
の関連をみる時は、クロス
集計をします
クロス集計から関連性を
把握する場合，独立性の
検定をするとよくわかるよ

もっと理解したい方へ

もっと理解したい方へ　❶基本統計〈上級者編〉

1．いろいろな代表値

中央値(メディアン)：*median*

データを数値の大きい(小さい)順番に並べたとき、ちょうど真ん中に位置する数値をいいます。データ数が偶数の場合は、中央の２つのデータの平均をとります。

〔例〕 5，3，6，2，9，4 → 9，6，5，4，3，2

中央値：(5＋4)÷2＝4.5

変動係数(変異係数)：*coefficient of variation*

標準偏差を平均(算術平均)で割った値です。

単位の異なるデータのバラツキを比較するのに用いられます。

〔例〕 身長　平均：158.3 cm　標準偏差：9.5 cm
→ $C.V=9.5\div158.3=0.06$
体重　平均：52.7 kg　標準偏差：6.2 kg
→ $C.V=6.2\div52.7=0.12$

変動係数の大きい体重のほうが、データのバラツキが大きいといえます。

相加平均(算術平均)：*arithmetic mean*

本文では単純に“平均”あるいは“平均値”といってきましたが、実は平均にもいろいろあります。本文で扱ってきた平均は、**相加平均**あるいは**算術平均**と呼ばれるものです。ようは「データを足し合わせデータ数で割った値」ということです。

休　憩

“日本の数字”

◎日本の数の単位

一　十　百　千　万　億　兆

京(ケイ)　垓(ガイ)　杼(ジョ)　穣(ジョウ)　溝(コウ)　澗(カン)　正(セイ)

載(サイ)　極(ゴク)　恒河沙(ゴウガシャ)　阿僧祇(アソウギ)　那由他(ナユタ)

不可思議(フカシギ)　無量大数(ムリョウタイスウ)

◎数字を含む難読語

●地名	一尺九寸五分村	かまてむら
●人名	一尺二寸	かまのえ
	一尺六寸	かまづか
	一尺八寸	かまえ
	一寸木	ますき

❶基本統計〈上級者編〉

相乗平均(幾何平均)：geometric mean

n 個のデータがあるとき、「データを掛け合わせ、n 乗根をとった値」を**相乗平均**あるいは**幾何平均**といいます。公式は次のようになります。

> **公式：相乗平均**
>
> $$r=\sqrt[n]{x_1\times x_2\times\cdots\times x_n}$$
>
> ただし n 個のデータを x_1、x_2、$\cdots x_n$ 、相乗平均を r とする

〔例〕 次の表は、ある鉄道の運賃と値上がり率です。値上がり率の平均を求めてみましょう。

	運　賃	値上がり率
—	70	—
第１回改定	90	1.29
第２回改定	120	1.33
第３回改定	140	1.17

○運賃を x_0、x_1、x_2、x_3 とすると、第３回改定までの値上がり率は各々 x_1/x_0、x_2/x_1、x_3/x_2 となります。

従って、値上がり率の平均 r は、

$$r=\sqrt[3]{\frac{x_1}{x_0}\times\frac{x_2}{x_1}\times\frac{x_3}{x_2}}=\sqrt[3]{\frac{x_3}{x_0}}=\sqrt[3]{\frac{140}{70}}=1.26$$

📖 もっと理解したい方へ

2．偏差平方和の公式

偏差平方和 S を求める公式は $S=\sum(x_i-\bar{x})^2$ ですが、$\sum x_i^2-\dfrac{(\sum x_i)^2}{n}$ でも求めることができます。コンピュータのプログラムなどでは、①プログラムのステップ数を少なくできる、②計算の精度を上げられる、という 2 つの理由から、後の公式を用いるのが普通です。

〔例〕 9ページのデータに、公式 $\sum x_i^2-\dfrac{(\sum x_i)^2}{n}$ を適用してみましょう。

$\sum x_i=5+3+4+7+6=25$

$\sum x_i^2=5^2+3^2+4^2+7^2+6^2=135$

$S=\sum x_i^2-(\sum x_i)^2/5=135-25^2\div 5=10$

これは11ページの結果と一致します。

数学の好きな人だけが読むところ

$\sum(x_i-\bar{x})^2=\sum x_i^2-\dfrac{(\sum x_i)^2}{n}$ の証明

$$\begin{aligned}&\sum(x_i-\bar{x})^2\\&=\sum(x_i^2-2x_i\bar{x}+\bar{x}^2)=\sum x_i^2-2\sum x_i\bar{x}+\sum\bar{x}^2\\&=\sum x_i^2-2\bar{x}\sum x_i+n\bar{x}^2=\sum x_i^2-2\frac{\sum x_i}{n}\sum x_i+n\left(\frac{\sum x_i}{n}\right)^2\\&=\sum x_i^2-2\frac{(\sum x_i)^2}{n}+\frac{(\sum x_i)^2}{n}\\&=\sum x_i^2-\frac{(\sum x_i)^2}{n}\end{aligned}$$

証明終

休　　憩

“ユークリッド幾何学”

エジプトとバビロニアにはじまった数字は、ギリシャへ渡って非常な進歩を示した。とくに幾何学は、ターレス、ピタゴラス、ソフィスト、プラトン学派などによって、熱心に研究された。ユークリッド（ギリシャ、前300年頃）は、これらをまとめて、「幾何学原論（ストイケイア）」とよばれる13巻から成る書物を書いた。この書物は、初めに必要な術語が定義され、次に理論の根拠となる公理、公準があり、その後げんみつな論証的な本論に入る。この書は今日の幾何学の基礎を作りあげたが、その後、レベルトによって再構成され、今日にいたっている。この「原論」のなかで、「平面上に１つの直線Ｌと、その上にない１つの点Ｐが与えられた場合、この平面上で点Ｐを通って直線Ｌと交わらない直線は一本だけ引ける。」という仮定は有名で、この仮定にもとづいて展開していく幾何学をユークリッド幾何学という。

3．比率 P の標準偏差は、なぜ $\sqrt{P(1-P)}$ なのか

ある質問に対して、A 人が「賛成」と回答したとします。「賛成」と回答した人と「反対」と回答した人が、合わせて100人いるとしたら、「反対」と答えた人は自動的に$(100-A)$人であるとわかります。

仮に賛成者に１、反対者に０という数値を与えて度数分布を作成し、その平均値と標準偏差を求めます。

階級値	度　数
$x_1=1$	$f_1=A$
$x_2=0$	$f_2=100-A$

平均値：$\bar{x}=\sum x_i f_i/n=\{1\times A+0\times(100-A)\}\div 100=A/100$

偏差平方和：
$$
\begin{aligned}
S&=\sum(x_i-\bar{x})^2 f_i=(x_1-\bar{x})^2 f_1+(x_2-\bar{x})^2 f_2\\
&=(1-A/100)^2\times A+(0-A/100)^2\times(100-A)\\
&=\left(\frac{100-A}{100}\right)^2\times A+\left(\frac{A}{100}\right)^2\times(100-A)\\
&=\frac{(100-A)A}{100^2}\{(100-A)+A\}=\frac{(100-A)A}{100^2}\times 100\\
&=\frac{(100-A)A}{100}
\end{aligned}
$$

分散：
$$
\begin{aligned}
\sigma^2&=\frac{S}{n}=\frac{(100-A)A}{100}\div 100=\frac{(100-A)A}{100^2}\\
&=\frac{A}{100}\times\frac{100-A}{100}=\frac{A}{100}\times\left(1-\frac{A}{100}\right)
\end{aligned}
$$

標準偏差：$\sigma=\sqrt{\frac{A}{100}\times\left(1-\frac{A}{100}\right)}$

ここで $P=A/100$ とおくと、標準偏差は $\sqrt{P(1-P)}$ となります。

📖 もっと理解したい方へ

4．度数分布表の中央値(メディアン)の求め方

階　級	階級値	度　数	相対度数	累積相対度数
$a_0 \sim a_1$	x_1	f_1	$P_1=f_1/n$	$F_1=P_1$
$a_1 \sim a_2$	x_2	f_2	$P_2=f_2/n$	$F_2=P_1+P_2$
⋮　⋮	⋮	⋮	⋮	⋮
$a_{j-1} \sim a_j$	x_j	f_j	$P_j=f_j/n$	$F_j=P_1+P_2+\cdots+P_j$
⋮　⋮	⋮	⋮	⋮	⋮
$a_{c-1} \sim a_c$	x_c	f_c	$P_c=f_c/n$	$F_c=P_1+P_2+\cdots P_j+\cdots P_c$
		n	1.0	

ただし、c はカテゴリー数。

累積相対度数が50%となる階級を j とすると、中央値 $\tilde{x}$ は次によって求められます。

$$\tilde{x}=\frac{0.5-F_{j-1}}{F_j-F_{j-1}}\times(a_j-a_{j-1})+a_{j-1}$$

ただし、累積相対度数50%が最初の階級にある場合、

$$\tilde{x}=\frac{0.5-F_1}{F_2-F_1}\times(a_2-a_1)+a_1$$

✍当該階級の下限値 a_j と次階級の上限値 a_j が一致しない場合、**次階級の上限値の $\boldsymbol{a}_j$** を適用します。

〔例〕

階　級	階級値	度　数	相対度数	累積相対度数
150 cm 以上155 cm 未満	152.5	3	0.075	0.075
155　　〜160	157.5	10	0.250	0.325
160　　〜165	162.5	14	0.350	0.675
165　　〜170	167.5	9	0.225	0.900
170　　〜175	172.5	4	0.100	1.000

累積相対度数が50%となる階級は、３番目の「160〜165」です。

これより $j=3$

$$\tilde{x}=\frac{0.5-F_2}{F_3-F_2}\times(a_3-a_2)+a_2=\frac{0.5-0.325}{0.675-0.325}\times(165-160)+160=162.5$$

5．パーセンタイル

度数分布表で、任意の累積相対度数に対応する階級値を**パーセンタイル**といいます。

階級数 c の度数分布を右のように定義します。累積相対度数 P に対するパーセンタイルを Z、P が属する階級を K とすると、Z は次式により求められます。

階　級	累積相対度数
$x_0 \sim x_1$	F_1
$x_1 \sim x_2$	F_2
$x_2 \sim x_3$	F_3
：	：
$x_{j-1} \sim x_j$	F_j
：	：
$x_{c-1} \sim x_c$	F_c

$$Z=\frac{P-F_{K-1}}{F_K-F_{K-1}}\times(x_K-x_{K-1})+x_{K-1}$$

ただし $K=1$ のとき、

$$Z=\frac{P-F_1}{F_2-F_1}\times(x_2-x_1)+x_1$$

これは前ページの中央値の公式と同じです。言い換えれば、度数分布の中央値は累積相対度数0.5のときのパーセンタイルということができます。

〔例〕 右の度数分布表において、$P=0.3$ のときのパーセンタイルを求めます。

【解答1】

$P=0.3$ の階級は3番目なので、$K=3$

$$Z=\frac{P-F_2}{F_3-F_2}\times(x_3-x_2)+x_2$$

$$=\frac{0.3-0.150}{0.325-0.150}\times(40-30)+30=38.57$$

階　級	度数	累積相対度数
10～19	2	0.050
20～29	4	0.150
30～39	7	0.325
40～49	13	0.650
50～59	10	0.900
60～69	3	0.975
70～79	1	1.000

✎離散量データの場合、階級の最小値と次階級の最大値は重なりません。このような場合は、**次階級の最大値**を用います。

【解答２】

パーセンタイルはグラフによって求めることもできます。

累積相対度数を縦軸、階級値を横軸にとり、折れ線グラフを作成します。縦軸の $P(=0.3)$ から横軸に平行な直線を引き、折れ線グラフとの交点を求めます。この交点に対応する横軸上の値が、求めるパーセンタイルです。

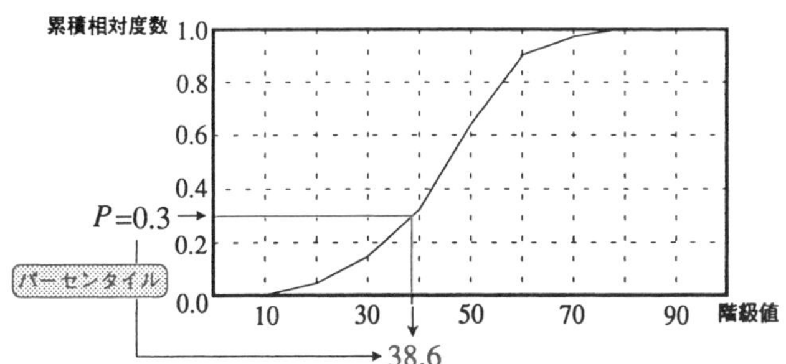

休　憩

"非ユークリッド幾何学"

19世紀に入ってロシアのN. I. ロバチェフスキーとハンガリーのJ. ボーヤイとは、さきの休憩「ユークリッド幾何学」で説明した仮定の代わりに「１直線外の１点を通って、この直線と交わらない直線は無数に引ける。」ということを仮定しても矛盾のない幾何学を、展開し得ることを示した。またドイツのリーマンは「点Pを通って直線Lと交わらない直線は一本も引けない」ということを仮定しても矛盾のないことを示した。

これをユークリッド幾何学に対して非ユークリッド幾何学という。

前者をロバチェフスキー、ボーヤイの非ユークリッド幾何学といい、後者をリーマンの非ユークリッド幾何学という。

6．“ゆがみ”と“とがり”

集団の分布は、常に正規分布とは限りません。左右対称でなかったり、中心に寄りすぎたり、逆にすそが広すぎたり、様々な場合があります。そこで正規分布を基準としたとき、集団の分布が上下あるいは左右にどの程度偏っているのかをみるための代表値が、**歪度**と**尖度**です。

歪度（わいど）Skewness：$G=\frac{N}{(N-1)(N-2)}\sum_{i=1}^{N}\left(\frac{x_i-m}{\sigma}\right)^3$

N：データ数、m：平均、σ：標準偏差

$G>0$　　$G=0$　　$G<0$

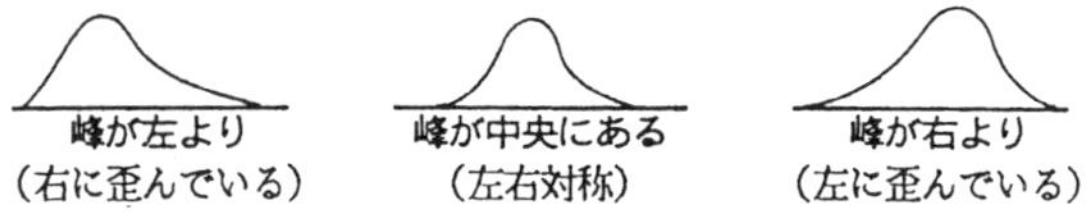

峰が左より（右に歪んでいる）　峰が中央にある（左右対称）　峰が右より（左に歪んでいる）

尖度（せんど）Kurtosis：$H=\frac{N(N+1)}{(N-1)(N-2)(N-3)}\sum_{i=1}^{N}\left(\frac{x_i-m}{\sigma}\right)^4-3\frac{(N-1)^2}{(N-2)(N-3)}$

$H>0$　　$H=0$　　$H<0$

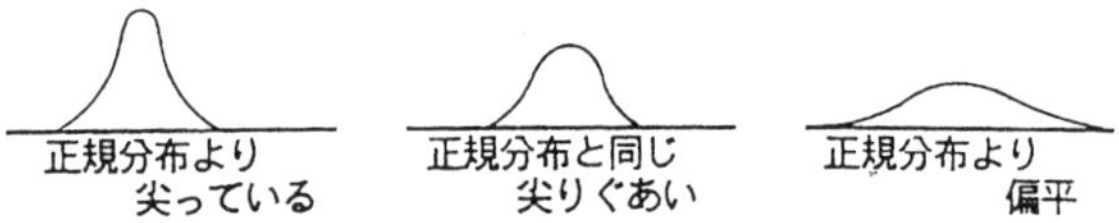

正規分布より尖っている　正規分布と同じ尖りぐあい　正規分布より偏平

📖 もっと理解したい方へ

〔例〕 18ページ度数分布表の歪度・尖度を求めてみます。

歪度 G$=\dfrac{40}{(40-1)(40-2)}\sum_{i=1}^{40}\left(\dfrac{x_i-44.5}{13.4}\right)^3=-0.22<0$

✍左にやや歪んでいます。(峰がやや右よりです。)

尖度 H$=\dfrac{40\times(40+1)}{(40-1)(40-2)(40-3)}\sum_{i=1}^{40}\left(\dfrac{x_i-44.5}{13.4}\right)^4-3\dfrac{(40-1)^2}{(40-2)(40-3)}=2.84>0$

✍正規分布より、尖っています。

7．偏差値から次のことがわかる

偏差値が…

(1)80以上	→	全体の	0.15%
(2)70以上	→	〃	2.5%
(3)60以上	→	〃	16%
(4)40～60	→	〃	68%
(5)40以下	→	〃	16%
(6)30以下	→	〃	2.5%
(7)20以下	→	〃	0.15%

8．基準化したデータの標準偏差はなぜ1なのか

n 個のデータを x_1、x_2、……、x_n とします。
全データの合計を T、平均を $\overline{x}$、標準偏差を σ とおきます。
基準化したデータを Z_1、Z_2、……Z_n とします。
i 番目のデータ x_i と基準値 Z_i には、次の関係が成立します。

$Z_i=\dfrac{x_i-\overline{x}}{\sigma}$ ……①

Z_i の平均を $\overline{Z}$ とすると、$\overline{Z}=\dfrac{1}{n}\Sigma Z_i$ ……②

②に①を代入すると、

$\overline{Z}=\dfrac{1}{n}\Sigma\dfrac{x_i-\overline{x}}{\sigma}=\dfrac{1}{n\sigma}\Sigma(x_i-\overline{x})=\dfrac{1}{n\sigma}\Sigma x_i-\dfrac{1}{n\sigma}\Sigma\overline{x}=\dfrac{1}{n\sigma}\times T-\dfrac{1}{n\sigma}\times n\overline{x}$

$n\overline{x}=T$ より、$\overline{Z}=0$ となります。

Z_i の分散は、$\dfrac{1}{n}\Sigma(Z_i-\overline{Z})^2=\dfrac{1}{n}\Sigma(Z_i-0)^2=\dfrac{1}{n}\Sigma Z_i^2$

①より、$\dfrac{1}{n}\Sigma Z_i^2=\dfrac{1}{n}\Sigma\left(\dfrac{x_i-\overline{x}}{\sigma}\right)^2=\dfrac{1}{n\sigma^2}\Sigma(x_i-\overline{x})^2=\dfrac{1}{\sigma^2}\times\dfrac{\Sigma(x_i-\overline{x})^2}{n}$

ここで $\dfrac{\Sigma(x_i-\overline{x})^2}{n}=\sigma^2$ より、$\dfrac{1}{\sigma^2}\times\dfrac{\Sigma(x_i-\overline{x})^2}{n}=\dfrac{1}{\sigma^2}\times\sigma^2=1$

分散が1なので、標準偏差も1になります。(証明終)

9．正規分布と平均・標準偏差

公式：正規分布

$$y=\frac{1}{\sigma\sqrt{2\pi}}\times e^{\frac{-(x-m)^2}{2\sigma^2}}$$

正規分布の関数式は右のようになります。

π は円周率(3.14159265…)なので定数、e は自然対数の底(2.7182812…)で、やはり定数です。従って、x に対する y の値は平均 m と標準偏差 σ によって決まります。

もっと理解したい方へ

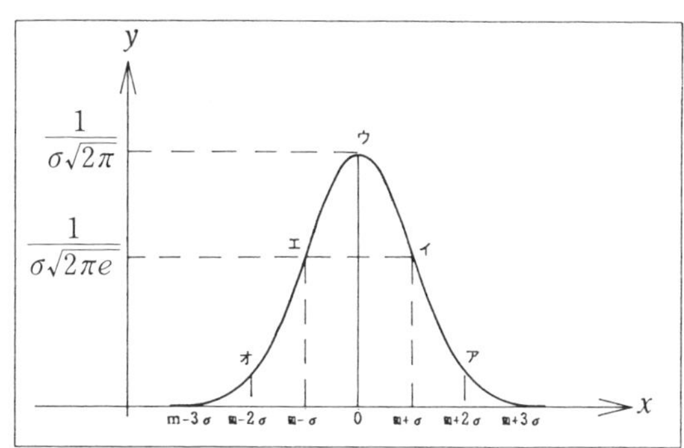

m と σ の値によって、正規分布のかたちは様々に変化します。一般に、ある m と σ によって与えられる正規分布を $N(m,\ \sigma^2)$ と書き表します。例えば平均 $m=4$、標準偏差 $\sigma=1.5$ の正規分布は、$N(4,\ 1.5^2)$ となります。

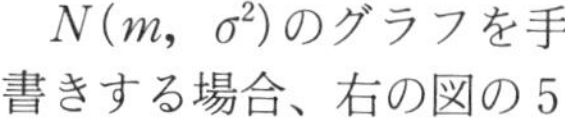

$N(m,\ \sigma^2)$ のグラフを手書きする場合、右の図の5ヶ所の座標を調べ、5点を曲線で結びます。ただしア〜イ、エ〜オ間は下に凸、イ〜ウ、ウ〜エ間は上に凸の曲線とします。

〔例〕 $N(4,\ 1.5^2)$ の分布曲線を描いてみましょう。

ア：$m+3\sigma=4+3\times1.5=8.5$　　　オ：$m-3\sigma=4-3\times1.5=-0.5$

イ、エ：$\frac{1}{\sigma\sqrt{2\pi e}}=\frac{1}{1.5\times\sqrt{2\times3.14159\times2.71828}}=\frac{1}{6.199}\fallingdotseq0.16$

ウ：$\frac{1}{\sigma\sqrt{2\pi}}=\frac{1}{1.5\times\sqrt{2\times3.14159}}=\frac{1}{3.760}\fallingdotseq0.27$

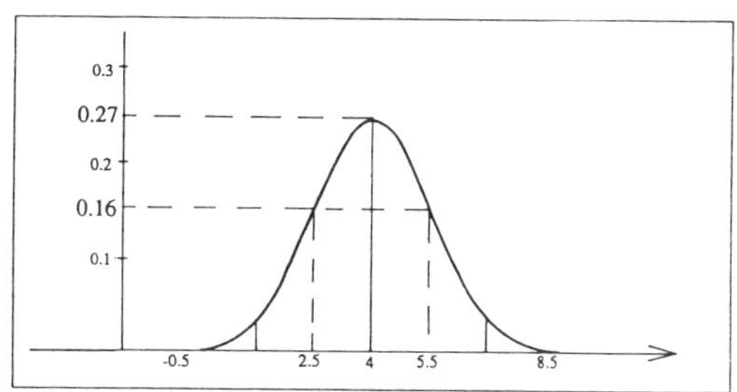

✍標準正規分布の場合、ウ、イ、エの値は右図の通りです。

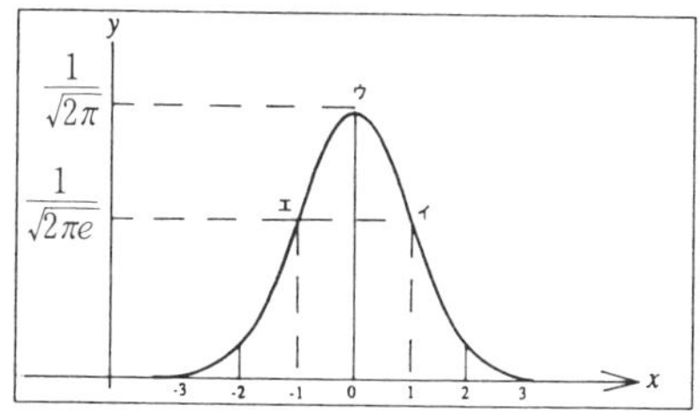

10. 度数分布に正規分布曲線をあてはめる

度数分布表

階　級	度数	相対度数
10〜19	2	0.050
20〜29	4	0.100
30〜39	7	0.175
40〜49	13	0.325
50〜59	10	0.250
60〜69	3	0.075
70〜79	1	0.025

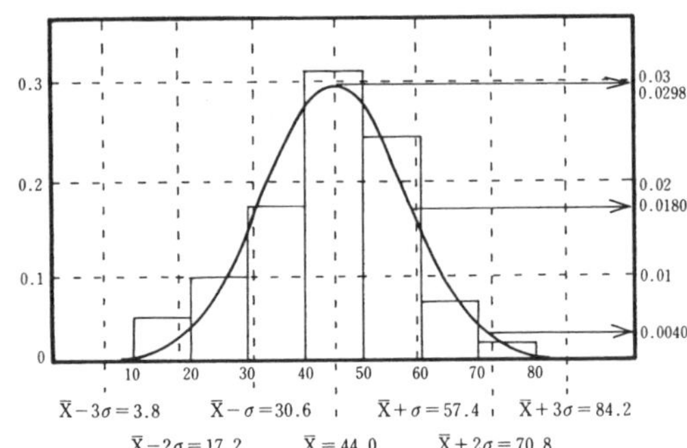

①度数分布の平均 $\bar{x}$、標準偏差 σ を計算します。$\bar{x}=44$、$\sigma=13.4$

②相対度数ヒストグラムを作成します。(グラフの縦目盛は左側)

③関数式は、次のようになります。

$$y=\frac{1}{\sigma\sqrt{2\pi}}\times e^{\frac{(x-\bar{x})^2}{2\sigma^2}}=\frac{1}{13.4\times\sqrt{2\pi}}\times e^{\frac{(x-44)^2}{2\times 13.4^2}}$$

④この式より、$x=\bar{x}=44$ のとき、$y=0.0298$

$x=\bar{x}\pm\sigma=30.6$、57.4 のとき、$y=0.0181$

$x=\bar{x}\pm 2\sigma=17.2$、$70.8$ のとき、$y=0.0040$

⑤階級の幅が10なので、左側の目盛りを10で割った値を右側の縦軸の目盛りとし、④で求めた$(x,\ y)$の値をプロットします。

これらの点を通る曲線を手書きします。

POINT　正規分布曲線の縦目盛りの設定

相対度数ヒストグラムの縦目盛りは階級の幅によって変化するため、あてはめる正規分布曲線の縦目盛りを設定する際は、次の関数によって目盛りの値を変換します。

相対度数ヒストグラムの縦目盛り÷階級の幅

＝あてはめる正規分布曲線の縦目盛り

11. 理論度数をもとめる

下表の「**c 相対度数**」(図では細い棒グラフ)に正規分布をあてはめると、図のような曲線を描くことができます。図の太い棒グラフは、あてはめられた正規分布曲線に対応する**理論的な相対度数**です。

ここでは、この理論的な相対度数と、そこから導かれる**理論度数**をもとめてみます。

a 階級	b 度数	c 相対度数	d 上限	e 基準値	f 付表確率	g 累積確率	h 階級確率	i 理論度数
10〜19	2	0.050	20	−1.79	0.463	0.037	0.037	1.5
20〜29	4	0.100	30	−1.04	0.351	0.149	0.111	4.5
30〜39	7	0.175	40	−0.30	0.118	0.382	0.233	9.3
40〜49	13	0.325	50	0.45	0.174	0.674	0.292	11.7
50〜59	10	0.250	60	1.19	0.383	0.883	0.209	8.4
60〜69	3	0.075	70	1.94	0.474	0.974	0.091	3.6
70〜79	1	0.025	80	2.69	0.496	0.996	0.022	0.9

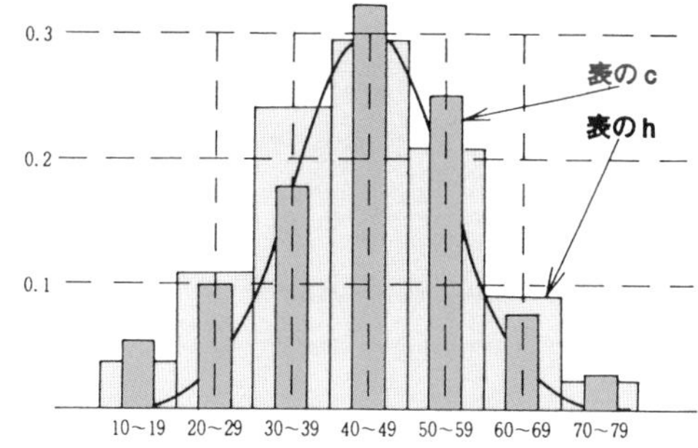

① d/上限をもとめる。

各階級の上限を設定します。この例のように離散量データの場合は、次階級の下限を上限値とします。

② e/基準値をもとめる。

d の基準値を求めます。

$$\text{基準値} = \frac{\text{d} - \text{平均}}{\text{標準偏差}}$$

③ f/付表確率を求める

標準正規分布表より、e の確率を求めます。

→次ページに続く

④ｇ/累積確率をもとめる。
ｅが負の場合と正の場合で、求め方が異なります。

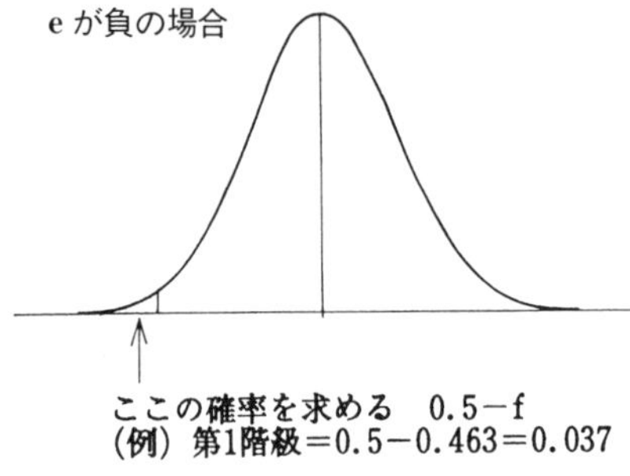

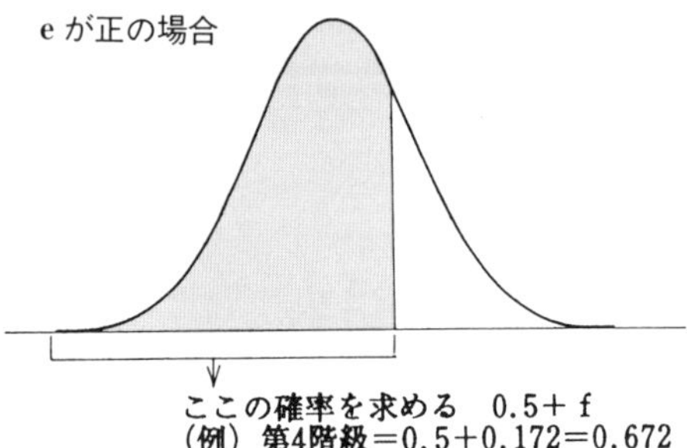

⑤ｈ/各階級の理論的な確率をもとめる。
i 番目の階級の確率＝i 番目の $g-(i-1)$ 番目の g　（ただし $i \geqq 2$）

⑥ｉ/理論度数をもとめる。
総度数にｈをかけた値が、求める理論度数です。

休　憩

“ギリシャ文字”

Α	α	alpha	アルファー	Ν	ν	nu	ニュー
Β	β	beta	ベータ	Ξ	ξ	ksi	クシー
Γ	γ	gamma	ガンマ	Ο	o	omicronn	オミクロン
Δ	δ	delta	デルタ	Π	π	pi	パイ
Ε	ε	epsilonn	イプシロン	Ρ	ρ	ro	ロウ
Ζ	ζ	dzeta	ゼータ	Σ	σ	sigma	シグマ
Η	η	eta	イータ	Τ	τ	tau	タウ
Θ	θ	theta	シータ、テータ	Υ	υ	upsilonn	ウプシロン
Ι	ι	iota	イオタ	Φ	ϕ	phi	ファイ、ファー
Κ	κ	kappa	カッパ	Χ	χ	khi	キー
Λ	λ	lambda	ラムダ	Ψ	ψ	psi	プサイ、プシー
Μ	μ	mu	ミュー	Ω	ω	omega	オメガ

📖 もっと理解したい方へ　❷母比率の F 推定・F 検定

標本サイズが30未満のとき、標本比率は正規分布に従わなくなり、F 分布という別の分布に従うようになります。

これを利用した推定・検定を、母比率の F 推定・F 検定といいます。

公式は次の通りです。

公式：母比率の推定（$n<30$）

標本サイズ n、標本比率 $\overline{p}$ とするとき、

下限値 $p_1=\dfrac{n_2}{n_1F(n_1,\ n_2,\ \alpha/2)+n_2}$

ただし、$n_1=2n(1-\overline{p})+2$、$n_2=2n\overline{p}$

上限値 $p_2=\dfrac{m_1F(m_1,\ m_2,\ \alpha/2)}{m_1F(m_1,\ m_2,\ \alpha/2)+m_2}$

ただし、$m_1=2n\overline{p}+2$、$m_2=2n(1-\overline{p})$

公式：母比率の検定（$n<30$）

標本サイズ n、標本比率 p、比較値 p_0 とするとき、

$T_1=\dfrac{n_2(1-p_0)}{n_1p_0}$ ただし、$n_1=2n(1-\overline{p})+2$、$n_2=2n\overline{p}$

$T_2=\dfrac{m_2p_0}{m_1(1-p_0)}$ ただし、$m_1=2n\overline{p}+2$、$m_2=2n(1-\overline{p})$

〔棄却域〕

①両側検定：$T_1>F(n_1,\ n_2,\ \alpha/2)$、あるいは
　　　　　　$T_2>F(m_1,\ m_2,\ \alpha/2)$

②右側検定：$T_1>F(n_1,\ n_2,\ \alpha)$

③左側検定：$T_2>F(m_1,\ m_2,\ \alpha)$

❷母比率の F 推定・F 検定

☆次の例題で、推定と検定の手順を追ってみましょう。

> A氏の射撃の命中率は、通常50％くらいです。ある日のA氏の成績は、8発中2発が命中しただけでした。信頼度95％でこの日の命中率を推定しなさい。また、この日はいつもより命中率が低かったといえるかどうか、有意水準0.05で検定しなさい。

★この日の命中率を推定してみましょう。

○標本統計量を求めます。

標本(サンプル)サイズ $n=8$

標本比率 $\bar{p}=2/8=0.25$

○信頼度95％に対応する統計量 F 値を求めます。

公式より、自由度 n_1、n_2、m_1、m_2 は次のようになります。

$n_1=2n(1-\bar{p})+2=2\times8\times(1-0.25)+2=14$

$n_2=2n\bar{p}=2\times8\times0.25=4$

$m_1=2n\bar{p}+2=2\times8\times0.25+2=6$

$m_2=2n(1-\bar{p})=2\times8\times(1-0.25)=12$

よって求める F 値は、

$F(n_1,\ n_2,\ \alpha/2)=F(14,\ 4,\ 0.025)=8.688$

$F(m_1,\ m_2,\ \alpha/2)=F(6,\ 12,\ 0.025)=3.728$

○下限値・上限値を計算します。

母比率の推定の公式($n<30$)より、

下限値 p_1

$$p_1=\frac{n_2}{n_1F(n_1,\ n_2,\ \alpha/2)+n_2}=\frac{4}{14\times8.688+4}=\frac{4}{125.632}=0.032$$

上限値 p_2

$$p_2=\frac{m_1F(m_1,\ m_2,\ \alpha/2)}{m_1F(m_1,\ m_2,\ \alpha/2)+m_2}=\frac{6\times3.728}{6\times3.728\times12}=\frac{22.368}{34.368}=0.65$$

●結論

この日のA氏の命中率は、信頼度95％で、3.2％から65％のあいだにあるといえます。

📖 もっと理解したい方へ

★この日の命中率が50%より低いといえるかどうか、母比率の検定の公式によって検定してみましょう。

○帰無仮説：$P=p_0$　　この日の命中率は50%に等しい。

○対立仮説：$P<p_0$　　この日の命中率は50%より低い。

○標本統計量は、先程と同じです。

標本(サンプル)サイズ $n=8$

標本比率 $\bar{p}=2/8=0.25$

比較値 $p_0=0.5$

○統計量 F を求めます。

対立仮説より左側検定なので、

$$T_2=\frac{m_2 p_0}{m_1(1-p_0)}=\frac{12\times 0.5}{6\times(1-0.5)}=\frac{6}{3}=2$$

○棄却域を求めます。

対立仮説より左側検定。

自由度 m_1, m_2 は推定のときと同じ。

よって求める棄却域は、

$F(m_1,\ m_2,\ \alpha)=F(6,\ 12,\ 0.05)=2.996$

○比較

$T_2<2.996$ より、帰無仮説を棄却できない。

●結論

有意水準0.05で、この日のA氏の命中率は50%より低かったとはいえない。

✎ここでは検定の公式を用いましたが、さきの推定結果を用いて検定を行ってもかまいません。

休　憩

数字芸術

数字がこんなにきれいで不思議とは、あなたも工夫して、作ってみよう。

$9\times 1+2=11$
$9\times 12+3=111$
$9\times 123+4=1111$
$9\times 1234+5=11111$
$9\times 12345+6=111111$
$9\times 123456+7=1111111$
$9\times 1234567+8=11111111$
$9\times 12345678+9=111111111$

$0\times 9-8=8$
$9\times 9-7=88$
$98\times 9-6=888$
$987\times 9-5=8888$
$9876\times 9-4=88888$
$98765\times 9-3=888888$
$987654\times 9-2=8888888$
$9876543\times 9-1=88888888$
$98765432\times 9-0=888888888$
$987654321\times 9-1=8888888888$

$11^2=121$
$111^2=12321$
$1111^2=1234321$
$11111^2=123454321$
$111111^2=12345654321$
$1111111^2=1234567654321$
$11111111^2=123456787654321$
$111111111^2=12345678987654321$

正規分布に従う母集団からの標本分散 u^2 は、標本サイズ n の値に関わらず、自由度 $n-1$ の χ^2 分布に従います。これを利用して、母分散の推定・検定を行うことができます。

公式は次の通りです。

公式：母分散の推定

下限値 $\sigma_1^2=\dfrac{(n-1)u^2}{\chi^2(n-1,\ \alpha/2)}$

上限値 $\sigma_2^2=\dfrac{(n-1)u^2}{\chi^2(n-1,\ 1-\alpha/2)}$

ただし n は標本サイズ、u^2 は標本分散。

公式：母分散の検定

$$T=\frac{(n-1)u^2}{\sigma_0^2}$$

ただし n は標本サイズ、u^2 は標本分散、σ_0^2 は比較値。

〔棄却域〕

①両側検定：$T>\chi^2(n-1,\ \alpha/2)$、あるいは
$T<\chi^2(n-1,\ 1-\alpha/2)$

②右側検定：$T>\chi^2(n-1,\ \alpha)$

③左側検定：$T<\chi^2(n-1,\ 1-\alpha)$

☆次の例題で、母分散の推定・検定の手順を追ってみましょう。

ある機械の部品の新製法が開発されました。その製法によって作られた部品からランダムに40個を取り出し、重量の標準偏差を計算したところ、22 g でした。

母分散 σ^2 を信頼度95％で推定しなさい。

旧い製法の場合、重量の標準偏差は30 g でした。新製法によって重量のバラツキが小さくなったといえるかどうか、有意水準0.05で検定しなさい。

📖 もっと理解したい方へ

★母分散を推定してみましょう。

○標本統計量は、次のとおりです。

標本サイズ $n=40$，標本標準偏差 $u=22$

○信頼区間を求めます

母分散の推定の公式より、

$$下限値\ \sigma_1^2=\frac{(n-1)u^2}{\chi^2(n-1,\ \alpha/2)}=\frac{39\times22^2}{\chi^2(39,\ 0.025)}=\frac{18876}{58.12}=324.776$$

$$上限値\ \sigma_2^2=\frac{(n-1)u^2}{\chi^2(n-1,\ 1-\alpha/2)}=\frac{39\times22^2}{\chi^2(39,\ 0.0975)}=\frac{18876}{23.65}=798.140$$

●結論

母分散 σ^2 は、信頼度95％で324.77から798.14のあいだにあるといえます。

★検定の公式を用いて、検定してみましょう。

○帰無仮説：$\sigma^2=\sigma_0^2=30^2$　　母分散は 30^2 に等しい。

○対立仮説：$\sigma^2<\sigma_0^2=30^2$　　母分散は 30^2 より小さい。

○標本統計量は、推定のときとおなじです。

○統計量 T

$$T=\frac{(n-1)u^2}{\sigma_0^2}=\frac{39\times22^2}{30^2}=\frac{18876}{900}=20.973$$

○棄却域

有意水準0.05

対立仮説より左側検定

よって求める棄却域は、

$\chi^2(n-1,\ 1-\alpha)=\chi^2(39,\ 0.95)=25.70$

○比較

$T<25.70$ より、帰無仮説を棄却する。

●結論

有意水準0.05で、新製法による部品の重量のバラツキは旧製法より小さくなったといえる。

ウィルコクソンのサインランク検定

ウィルコクソンのサインランク検定の考え方は、基本的には“対応のある場合”の「母平均の差の検定」と同じです。

この手法は、データが順位データでも、あるいは母集団の分布が未知の場合でも、「対応がある2集団」のあいだに差があるといえるかどうかを調べることができます。

☆次の例で、検定の手順を追ってみましょう。

10人の人に、A、Bふたつのアイスクリームを試食して、それぞれ10点満点で評価してもらいました。次の表はその結果です。Aのアイスクリームは Bより評価が高いといえるでしょうか。

アイスクリームの評価得点

比較対象＼評価者	1	2	3	4	5	6	7	8	9	10
アイスクリームA	9	7	8	5	7	6	4	5	10	8
アイスクリームB	6	5	6	7	6	7	7	8	8	5

A・Bの評価の差をとってみます。

アイスクリームの評価得点の差

比較対象＼評価者	1	2	3	4	5	6	7	8	9	10
アイスクリームA	9	7	8	5	7	6	4	5	10	8
アイスクリームB	6	5	6	7	6	7	7	8	8	5
評価得点の差	3	2	2	−2	1	−1	−3	−3	2	3

アイスクリームAとBの評価に差がなければ、「ランダムに10人を抽出して評価させる」ということをくりかえしたとき、A・Bの評価の差は0に近い値ほど高い確率で生じるはずです。

📖 もっと理解したい方へ

❍ 帰無仮説・対立仮説は次の通りです。

○帰無仮説　：AとBの評価得点に差はない。
○対立仮説①：AとBの評価得点に差がある。
○対立仮説②：Aの評価得点はBの評価得点より高い。
○対立仮説③：Aの評価得点はBの評価得点より低い。

この例では、対立仮説は②、すなわち**右側検定**となります。

❍ 検定の手順は、次のようになります。

① 「評価得点の差」に、絶対値(＋、－の符号をとった値)が小さい順に**順位**をつけます。

　差が0の場合、順位付けの対象から外します。この例では外すものはありません。

　絶対値が同じ値(**タイ**といいます)のものがある場合、該当する順位をランダムに割り振ります。

アイスクリームの評価得点の差

比較対象＼評価者	1	2	3	4	5	6	7	8	9	10
評価得点の差	3	2	2	−2	1	−1	-3	−3	2	3
差の絶対値の順位	7	3	4	5	1	2	8	9	6	10

② 　ここで、評価者「5、6」、「2、3、4、9」、「1、7、8、10」を**タイ**といいます。タイが存在する場合、次のように補正します。

アイスクリームの評価得点の差

比較対象＼評価者	1	2	3	4	5	6	7	8	9	10
評価得点の差	3	2	2	−2	1	−1	−3	−3	2	3
差の絶対値の順位	7	3	4	5	1	2	8	9	6	10
差の順位・タイ補正後	8.5	4.5	4.5	4.5	1.5	1.5	8.5	8.5	4.5	8.5

1位、2位はタイなので、$(1+2)\div2=1.5$ を順位とします。
同様に3～6位は、$(3+4+5+6)\div4=4.5$ を順位とします。
同様に7～10位は、$(7+8+9+10)\div4=8.5$ を順位とします。

③ 「評価得点の差」に注目して、差が＋の順位、－の順位をそれぞれ足し合わせます。

「評価得点の差が＋」：評価者1、2、3、5、9、10の順位を足し合わせる
8.5＋4.5＋4.5＋1.5＋4.5＋8.5＝32 ……1)

「得点の差が＋」ということは、アイスクリームAの評価得点がBより高かったということです。差の絶対値が小さい順に順位をつけたのですから、順位を足し合わせた値1)が**大きい**ほど、アイスクリームAの評価はBよりも高かったということになります。

「評価得点の差が－」：評価者4、6、7、8の順位を足し合わせる
4.5＋1.5＋8.5＋8.5＝23 ……2)

「得点の差が－」ということは、アイスクリームAの評価得点がBよりも低かったということです。

つまり1) とは逆に、この2)の値が**小さい**ほど、アイスクリームAの評価はBよりも高かったということになります。

ウィルコクソンのサインランク検定で**右側検定・左側検定**を行うときは、この1)と2)を比較し、1)が大きければ右側、2)が大きければ左側で、有意差が検出できる可能性があると判断します。

④ 1)と2)を比較し、小さい方の値を統計量Jとおきます。

ここではJ＝23となります。

順位和とは、言うまでもなく順位を足し合わせたものです。したがって、この例での順位の総和｛1)＋2)｝は、1位～10位までの全ての順位を足し合わせた値、すなわち55と決まっています。

もしも全ての評価者がアイスクリームAの方を高く評価したなら、「評価得点の差が＋」の順位和が55、「差が－」の順位和が0となります。逆なら「差が＋」の順位和が0、「差が－」の順位和が55です。つまり、順位和の差が大きければ大きいほど、アイスクリームAとBの評価の差が大きい、といえます。

ここで、小さい方の順位和Jが有意水準に対応する統計量よりも小さければ、順位和1)と2)には差があったとみなすことができるので、帰無仮説を棄却します。

⑤　Jを棄却域と比較し、結論を導きます。

有意水準は0.05とします。

標本サイズnが**25以下**(ただし、「評価得点の差」が0となった標本は、標本サイズに数えません)の場合、**『ウィルコクソンのサインランク検定表』**(巻末参照)の値をJと比較し、**J<棄却域**のとき、帰無仮説を棄却します。

この例では、$n=10$ですから、『ウィルコクソンのサインランク検定表』を用います。

巻末の検定表(片側検定)より、有意水準0.05、$n=10$に該当する値は10です。

$J>10$より、帰無仮説を棄却できません。従って、アイスクリームAの評価得点はBより高いとはいえません。

●結論

有意水準0.05で、アイスクリームAの評価はBより高いとはいえない。

なお、標本サイズ$n>25$のときは、次の統計量Tを用います。

公式：ウィルコクソンのサインランク検定($n>25$)

$$T=\frac{J-\frac{n(n+1)}{4}}{\sqrt{\frac{n(n+1)(2n+1)}{24}}}$$

標本サイズ$n>25$のとき、Jは帰無仮説のもとで、

平均値$=\frac{n(n+1)}{4}$、標準偏差$=\sqrt{\frac{n(n+1)(2n+1)}{24}}$

の**正規分布**に従うことがわかっています。

統計量TはJの基準値ですから、**標準正規分布**に従います。従って、Z検定となります。

棄却域は次の通りです。

対立仮説①(両側検定)：$|T|>Z(\alpha/2)$

対立仮説②(右側検定)：$T>Z(\alpha)$

対立仮説③(左側検定)：$T<-Z(\alpha)$

📖 もっと理解したい方へ　❺順位データの検定②

ウィルコクソンの順位和検定(U 検定)

U 検定の基本的な考え方は、「対応のない」場合の**母平均の差の検定**と同じです。

ただし、U 検定は順位データに適用するための検定手法なので、数量データに適用したい場合は、順位データに変換する必要があります。

☆　次の例で、検定の手順を追ってみましょう。

ある高校で、2年生と3年生の3000 m 走のタイムに差があるかどうかを調べました。2年生と3年生の男子生徒からランダムに40人を選び出し、3000 m 走を行ったところ、次のような結果となりました。この高校の2年生と3年生は、3000 m 走のタイムに差があるといえるでしょうか。

3000 m 走の順位

2年生	23	1	13	8	18	3	28	10	33	16	6	19	30	35	4	38	12	21

3年生	24	29	7	31	17	2	25	32	5	36	14	26	37	11	39	15	22	40	9	34	20	27

❍帰無仮説・対立仮説は次のとおりです。

○帰無仮説　：2年生と3年生の平均順位は等しい。
○対立仮説①：2年生と3年生の平均順位は異なる。
○対立仮説②：2年生の平均順位は3年生より小さい。(2年生の方が3年生より順位が良い)
○対立仮説③：2年生の平均順位は3年生より大きい。(2年生の方が3年生より順位が悪い)

ここでは対立仮説①ですから、**両側検定**となります。

① 2年生の順位をすべて足し合わせた値を求めます。

2年生の順位和 $H=23+1+13+\cdots\cdots+12+21=318$

② このとき、次の統計量 U を求めます。

公式：統計量 U

$$U=n_1n_2+\frac{n_1(n_1+1)}{2}-H$$

ただし、n_1、n_2 はそれぞれのグループの標本サイズ
H はグループ1の順位和

統計量 U を求めてみましょう。

$$U=18\times22+\frac{18(18+1)}{2}-318=249$$

ここで $U>\frac{n_1n_2}{2}$ であれば、U の代わりに $U'=n_1n_2-U$ を用います。

ここでは $\frac{n_1n_2}{2}=\frac{18\times22}{2}=198$ より $U>\frac{n_1n_2}{2}$ が成立するので、U の代わりに $U'=n_1n_2-U=18\times22-249=147$ を用います。

n_1 あるいは n_2 が 9 以上のとき、統計量 U(あるいはU')は帰無仮説のもとで、平均値$=\frac{n_1n_2}{2}$、標準偏差$=\frac{n_1n_2(n_1+n_2+1)}{12}$ の正規分布に従うことがわかっています。

③　U 検定(あるいはU')を**基準化**し、統計量 T を求めます。

公式：ウィルコクソンの順位和検定(U 検定)

($n_1\geqq9$ あるいは $n_2\geqq9$)

$$T=\frac{U-\frac{n_1n_2}{2}}{\sqrt{\frac{n_1n_2(n_1+n_2+1)}{12}}}$$

ただし $U>\frac{n_1n_2}{2}$ の場合、U の代わりに $U'=n_1n_2-U$ を用いる。

統計量 T は、帰無仮説のもとで標準正規分布に従います。従って Z 検定となります。

統計量 T を求めてみます。

$$T=\frac{147-\frac{18\times22}{2}}{\sqrt{\frac{18\times22(18+22+1)}{12}}}=-\frac{51}{36.78}=-1.39$$

④　棄却域を設定します。

対立仮説①(両側検定)：$|T|>Z(\alpha/2)$

対立仮説②(右側検定)：$T>Z(\alpha)$

対立仮説③(左側検定)：$T<-Z(\alpha)$

ここでは対立仮説①なので、**両側検定**です。

有意水準0.05より、$Z(\alpha/2)=1.96$

⑤　統計量 T と棄却域を比較します。

$|T|<Z(\alpha/2)$ より、帰無仮説を棄却できません。すなわち、この 2 つのグループ(2 年生と 3 年生)の平均順位は異なるといえません。

●　結論

有意水準0.05で、この高校の 2 年生と 3 年生は3000 m 走のタイムに差があるといえない。

✍ n_1、n_2 がともに 8 以下のときは、**『マンホイットニーの U 検定表』**を用います。

①n_1、n_2 より U(あるいはU')の値を求め、『マンホイットニーの U 検定表』より、該当する確率 P を求めます。

②両側検定であれば $\alpha/2$、片側検定であれば α と P を比較します。

③$P<\alpha/2$、あるいは $P<\alpha$ であれば、帰無仮説を棄却します。

テストの解答

テスト　1

次の表は、6人の身長を調べた結果です。この集団の標準偏差を小数点以下第2位まで求めなさい。

単位：cm

No.	1	2	3	4	5	6
データ	142	158	146	148	154	152

（　　　）… 4点、合計100点

【解　答】

No.	データ x_i	偏　差 $x_i-\overline{x}$	偏差の2乗 $(x_i-\overline{x})^2$
1	142	142－（ 150 ）＝（ －8 ）	（ 64 ）
2	158	158－（ 150 ）＝（ 8 ）	（ 64 ）
3	146	146－（ 150 ）＝（ －4 ）	（ 16 ）
4	148	148－（ 150 ）＝（ －2 ）	（ 4 ）
5	154	154－（ 150 ）＝（ 4 ）	（ 16 ）
6	152	152－（ 150 ）＝（ 2 ）	（ 4 ）
計	900	0	（ 168 ）

合　計　$T=$（ 900 ）　偏差平方和　$S=$（ 168 ）

データ数　$n=$（ 6 ）　分　散　$V=S\div n=$（ 28 ）

平均値　$\overline{x}=$（ 150 ）　標準偏差　$\sigma=\sqrt{V}=\sqrt{(\ 28\ )}$

答　　標準偏差（ 5.29 ）cm

II 記述統計学

テスト 2

右の表はある集団の身長の度数分布表です。平均値と標準偏差を小数点以下２桁まで求めなさい。

階　級				度数
140 cm 以上	150 cm 未満			2
150	〃	160	〃	5
160	〃	170	〃	16
170	〃	180	〃	5
180	〃	190	〃	2

(　　　)…3点、〔　　〕…5点、合計100点

【解　答】

階　級	階級値(x_i)	度数(f_i)	$x_i f_i$	$(x_i - \overline{x})f_i$	$(x_i - \overline{x})^2 f_i$
140〜150	(145)	2	(290)	(−40)	(800)
150〜160	(155)	5	(775)	(−50)	(500)
160〜170	(165)	16	(2640)	(0)	(0)
170〜180	(175)	5	(875)	(50)	(500)
180〜190	(185)	2	(370)	(40)	(800)
	計	n (30)	$\sum x_i f_i$ (4950)	$\sum (x_i - \overline{x})f_i$ (0)	$\sum (x_i - \overline{x})^2 f_i$ (2600)

データ数　$n=$(30)

データ計　$T=\sum x_i f_i=$(4950)

平均　$\overline{x}=T/n=$(165)

偏差平方和　$S=\sum (x_i - \overline{x})^2 f_i=$(2600)

分散　$V=S/n=$(86.67)

標準偏差　$\sigma=\sqrt{V}=$(9.31)

答　平均　〔 165.00 〕cm

標準偏差　〔 9.31 〕cm

テスト　3

ある学級の体育の授業で腕立て伏せと走り幅跳びを行いました。**表A**は、学級全員の成績の平均と標準偏差を算出したものです。**表B**のA君、B君、C君のうちで、総合成績が一番良かったのは誰でしょうか。

表A

	平　均	標準偏差
腕立て伏せ（回）	20.0	5.0
走り幅跳び（m）	4.5	0.5

表B

	A君	B君	C君
腕立て伏せ（回）	32	28	35
走り幅跳び（m）	5.0	5.5	4.6

（　　　）… 3 点、〔　　　〕…19点　合計100点

【解　答】

基準値を求めます。

	A君	B君	C君
腕立て伏せ	$\frac{(32)-(20)}{(5)}$ =（2.4）	$\frac{(28)-(20)}{(5)}$ =（1.6）	$\frac{(35)-(20)}{(5)}$ =（3.0）
走り幅跳び	$\frac{(5.0)-(4.5)}{(0.5)}$ =（1.0）	$\frac{(5.5)-(4.5)}{(0.5)}$ =（2.0）	$\frac{(4.6)-(4.5)}{(0.5)}$ =（0.2）
計	（3.4）	（3.6）	（3.2）

答　　総合成績が一番良かったのは、〔　B　〕君です。

II　記述統計学

テスト　4

右の図は３種類の正規分布をグラフ化したものです。

１、２、３それぞれがア，イ，ウのどれに当たるかを答えなさい。

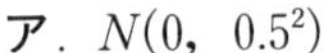

ア．$N(0,\ 0.5^2)$
イ．$N(0,\ 1^2)$
ウ．$N(4,\ 1.5^2)$

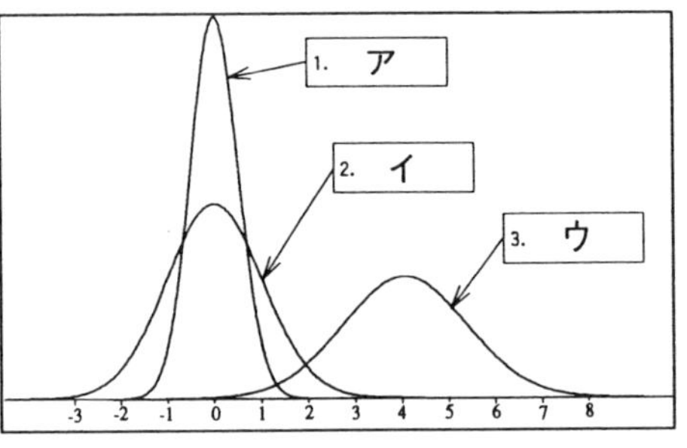

各５点、合計15点

テスト　5

300人の生徒の数学の成績が、平均65点、標準偏差12点で正規分布に近い分布をしています。

1）50点から70点までの生徒は何人くらいいると考えられますか。

2）80点以上の生徒は何人くらいいると考えられますか。

3）上から50番目以内に入るためには何点以上とればよいですか。

（　　）…2点、〔　　〕…5点、合計85点

【解　答】１）

○基準化すると、

$$a=\frac{(\ 50\ )-(\ 65\ )}{(\ 12\ )}$$

$$b=\frac{(\ 70\ )-(\ 65\ )}{(\ 12\ )}$$

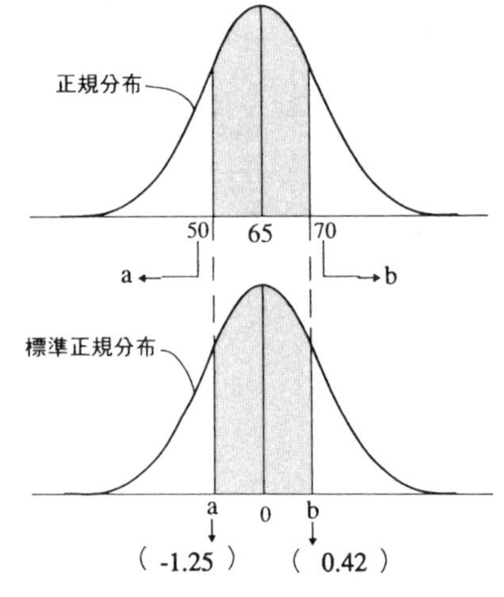

○基準値 a から０までの確率は、付表より　（ 0.39435 ）

○基準値０から b までの確率は、付表より（ 0.16276 ）

○合算すると、

（ 0.39435 ）＋（ 0.16276 ）

＝（ 0.55711 ）

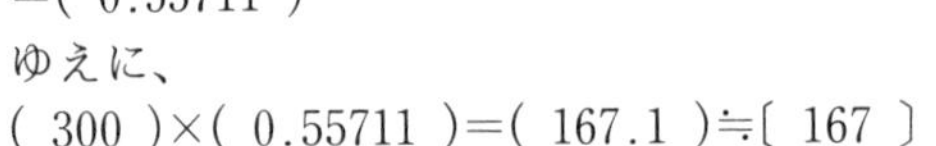

ゆえに、

（ 300 ）×（ 0.55711 ）＝（ 167.1 ）≒〔 167 〕人

【解　答】 2）

○基準化すると、

$$c=\frac{(\ 80\ )-(\ 65\ )}{(\ 12\ )}$$

○基準値 c となる確率は、付表より（ 0.39435 ）

○80点以上の生徒の確率は、

（ 0.5 ）−（ 0.39435 ）

＝（ 0.10565 ）

ゆえに、300（人）×（ 0.10565 ）

＝（ 31.7 ）≒〔 32 〕人

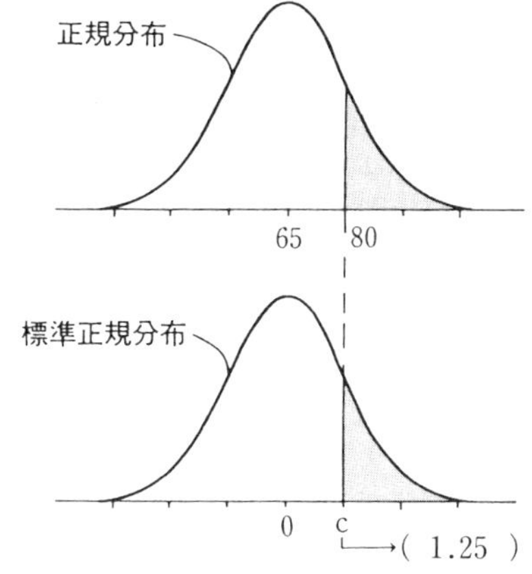

3）

50番以内となる確率は、d＝（ 50 ）人÷（ 300 ）人＝（ 0.167 ）

e の部分の確率は、

e＝0.5−d＝0.5−（ 0.167 ）＝（ 0.333 ）

付表より、e に対応する基準値 f を求めると、f＝（ 0.97 ）

求める得点を x とすると、

f＝$(x-65)/12$＝（ 0.97 ）

ゆえに、

x＝12×（ 0.97 ）＋65＝（ 76.64 ）

≒〔 77 〕点

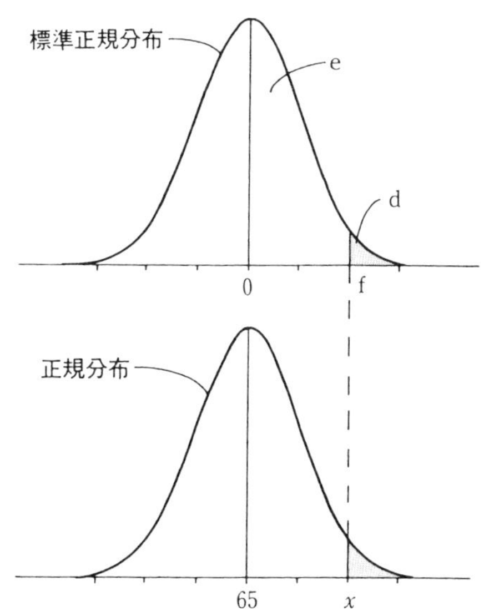

IV　統計的推定

テスト　6

ある工場で生産される製品一個あたりの重さは、過去の資料から標準偏差がおよそ2gであることが分かっています。ある日の製品20個をランダムに取り出して重さを調べたところ、平均9.5gでした。製品一個あたりの重さを信頼度95%で推定しなさい。

(　　　)…3点、合計30点

【解　答】

○標本調査の結果

標本(サンプル)サイズ $n=20$(個)

標本平均 $\bar{x}=$(9.5)g

○$n<100$ ですが、母標準偏差がわかっているので、公式(1)が適用できます。

$$\left[\begin{array}{l} 1.\ \bar{x}\pm Z(\alpha/2)\dfrac{\alpha}{\sqrt{n}} \\ 2.\ \bar{x}\pm t(n-1,\ \alpha/2)\times\dfrac{\sigma}{\sqrt{n}} \end{array}\right]=(\ 9.5\ )\pm(\ 1.96\ )\times\frac{(\ 2\ )}{(\ 4.47\ )}$$

$$=(\ 9.5\ )\pm(\ 0.88\ )$$

●結論

製品一個あたりの重さは、信頼度95%で(8.6)gから(10.4)gのあいだにあるといえます。

テストの解答

テスト 7

ある溶液の pH(水素イオン濃度)を5回測定して、次の結果を得ました。

6.82　6.87　6.84　6.83　6.84

この溶液の水素イオン濃度を、信頼度95%で推定しなさい。

(　　　)… 3点、〈　　　〉… 1点、合計70点

【解　答】

○n は〔1. 大標本($n \geqq 100$)、2. 小標本($n < 100$)〕→(2)なので、公式〔1. Z推定、2. t推定〕→(2)を適用します。

○無限母集団なので、修正項を適用〔1. します　2. しません〕→(2)。

○標本調査の結果

標本(サンプル)サイズ $n=5$

標本平均 $\bar{x}=$(6.84)

標本分散

$$u^2=\frac{\sum(x_i-\bar{x})^2}{n-1}=\frac{(\ 0.0014\ )}{4}$$

=(0.00035)

標本標準偏差 $u=\sqrt{(\ 0.00035\ )}$

=(0.0187)

No.	x_i	$x_i-\bar{x}$	$(x_i-\bar{x})^2$
1	6.82	〈 −0.02 〉	〈 0.0004 〉
2	6.87	〈 0.03 〉	〈 0.0009 〉
3	6.84	〈 0.00 〉	〈 0.0000 〉
4	6.83	〈 −0.01 〉	〈 0.0001 〉
5	6.84	〈 0.00 〉	〈 0.0000 〉
計	$\sum x_i$ (34.2)	$\sum(x_i-\bar{x})$ (0.000)	$\sum(x_i-\bar{x})^2$ (0.0014)

○公式は

$$\left[\begin{array}{l} 1.\ \bar{x}\pm Z(\alpha/2)\frac{u}{\sqrt{n}} \\ 2.\ \bar{x}\pm t(n-1,\ \alpha/2)\frac{u}{\sqrt{n}} \end{array}\right]\to(\ 2\ )$$

○信頼区間を求めます.

$$(\ 6.84\ )\pm(\ 2.776\ )\times\frac{(\ 0.0187\ )}{\sqrt{(\ 5\ )}}=(\ 6.84\ )\pm(\ 0.023\ )$$

●結論

この溶液の水素イオン濃度は、信頼度95%で(6.81)から(6.87)のあいだにあるといえます。

Ⅳ　統計的推定

テスト　8

　ある都市で、50人を無作為に抽出してある商品の認知率を調査したところ、商品を知っている人が20人いました。この都市での商品の認知率を信頼度95%で推定しなさい。

(　　　)…5点、合計100点

【解　答】

○標本調査の結果

標本(サンプル)サイズ $n=(\ 50\ )$

商品の認知率(標本比率) $\bar{p}=\dfrac{(\ 20\ )}{(\ 50\ )}=(\ 0.4\ )$

標本標準偏差 $\sqrt{\bar{p}(1-\bar{p})}=\sqrt{(\ 0.4\ )\{1-(\ 0.4\ )\}}=\sqrt{(\ 0.24\ )}=(\ 0.49\ )$

○信頼度95%より、$Z(\alpha/2)=Z(0.025)=(\ 1.96\ )$

○信頼区間

$$\bar{p}\pm(\ 1.96\ )\frac{\sqrt{\bar{p}(1-\bar{p})}}{\sqrt{n}}=(\ 0.4\ )\pm(\ 1.96\ )\times\frac{(\ 0.49\ )}{\sqrt{(\ 50\ )}}$$

$$=(\ 0.4\ )\pm(\ 0.136\ )$$

下限値 (0.264)、上限値 (0.536)

●結論

　この都市での商品認知率は、信頼度95%で(26.4)%から(53.6)%のあいだにあるといえます。

テストの解答

テスト　9

ある地域で農園８ケ所をランダムに選び、１アールあたりのジャガイモの収穫量を調査しました。下表はその結果です。このデータから、この地域の１アールあたりのジャガイモの収穫量は125 kg を上回るといえるでしょうか。有意水準0.05で検定しなさい。

農　園	1	2	3	4	5	6	7	8
収穫量 kg/a	132	148	139	127	122	129	117	126

（　　）…４点、〔　　〕…２点、〈　　〉…１点、合計100点

【解　答】

○帰無仮説：$m=m_0$　１アールあたりのジャガイモの収穫量は125 kg
〔１．に等しい　２．ではない〕→（ 1 ）。

○対立仮説：$m>m_0$　１アールあたりのジャガイモの収穫量は125 kg より
〔１．多い　２．少ない〕→（ 1 ）。

○調査結果

x_i	$x_i-\bar{x}$	$(x_i-\bar{x})^2$
132	〈 2 〉	〈 4 〉
148	〈 18 〉	〈 324 〉
139	〈 9 〉	〈 81 〉
127	〈 −3 〉	〈 9 〉
122	〈 −8 〉	〈 64 〉
129	〈 −1 〉	〈 1 〉
117	〈 −13 〉	〈 169 〉
126	〈 −4 〉	〈 16 〉
$\sum x_i$ (1040)	$\sum(x_i-\bar{x})$ 0	$\sum(x_i-\bar{x})^2$ (668)

標本サイズ n=(8)
標本平均 $\bar{x}$=(130) kg
偏差平方和 S=(668) kg
標本分散 V=(668)/(7)=(95.43)
標本標準偏差 u=(9.77) kg
比較値 m_0=(125) kg

○統計量 $T=\dfrac{\bar{x}-m_0}{u/\sqrt{n}}=\dfrac{〔\ 130\ 〕-〔\ 125\ 〕}{〔\ 9.77\ 〕/\sqrt{〔\ 8\ 〕}}=(\ 1.45\ )$

○棄却域
有意水準〔１．0.05　２．0.01〕→（ 1 ）
対立仮説より〔１．両側検定　２．片側検定〕→（ 2 ）。
$n<100$ より〔１．Z 検定　２．t 検定〕→（ 2 ）
これより棄却域の値は（ 1.895 ）

→次ページに続く

V　統計的検定

○比較

T〔1．>　2．<〕→(2)棄却域

●結論

この地域の1アールあたりのジャガイモ収穫量は、125 kg を上回ると〔1．いえる　2．いえない〕→(2)

テストの解答

テスト 10

硬貨を50回投げたところ、表が27回出ました。この硬貨は不正なものといえるでしょうか。有意水準0.05で検定しなさい。

(　　)…5点、〔　　〕…10点、合計100点

POINT 正しく作られている硬貨の表（裏）の出る確率は、0.5です。

【解　答】

○帰無仮説：$P=p_0$　表（裏）の出る確率は0.5〔1．に等しい　2．と異なる〕→(1)。

○対立仮説：$P\neq p_0$　表（裏）の出る確率は0.5〔1．と異なる　2．より高い　3．より低い〕→(1)。

○実験結果

標本サイズ n=(50)

標本比率 $\bar{p}$=(27)÷(50)=(0.54)

比較値 p_0=(0.5)

○統計量 T

母比率の検定の公式より、

$$T=\frac{\bar{p}-p_0}{\sqrt{p_0(1-p_0)}/\sqrt{n}}=\frac{(\ 0.54\ )-(\ 0.5\ )}{\sqrt{(\ 0.5\ )\{1-(\ 0.5\ )\}}/\sqrt{(\ 50\ )}}=(\ 0.57\ )$$

○棄却域

有意水準0.05

対立仮説より〔1．両側検定　2．片側検定〕→(1)

$n\geqq 30$ より〔1．Z 検定　2．F 検定〕→(1)

これより棄却域の値は (1.96)

○比較

$|T|$〔1．>　2．<〕→(2) 棄却域

●結論

「表（裏）の出る確率は0.5と異なる」と〔1．いえる　2．いえない〕→(2)

従って、この硬貨は不正なものと〔1．いえる　2．いえない〕→(2)

V　統計的検定

テスト　11

大阪と東京から60世帯を無作為に選び、味噌汁の塩分の量を調べました。右表はその結果です。関東と関西で味の好みに違いがあるかどうか、有意水準0.05で検定しなさい。

味噌汁100 cc あたりの塩分量

	平　均	標準偏差
大阪	2.5(g)	0.4
東京	2.7	0.6

(　　　)… 5 点、合計100点

【解　答】

○帰無仮説：$m_1=m_2$　東京と大阪の、味噌汁の塩分量は
〔1．同じ　2．異なる〕→(1)。

○対立仮説：$m_1 \neq m_2$　東京と大阪では、味噌汁の塩分量は
〔1．異なる　2．東京の方が多い　3．大阪の方が多い〕→(1)。

○調査結果

標本（サンプル）サイズ　$n_1=n_2=$(60)（人）

標本平均　$\bar{x}_1=$(2.5)（g）、$\bar{x}_2=$(2.7)（g）

標本標準偏差　$u_1=$(0.4)（g）、$u_2=$(0.6)（g）

○統計量 T

$$T=\frac{\bar{x}_1-\bar{x}_2}{\sqrt{\frac{u_1^2}{n_1}+\frac{u_2^2}{n_2}}}=\frac{(\ 2.5\ )-(\ 2.7\ )}{\sqrt{\frac{(\ 0.4\ )^2}{(\ 60\ )}+\frac{(\ 0.6\ )^2}{(\ 60\ )}}}=\frac{(\ -0.2\ )}{(\ 0.093\ )}=(\ -2.15\ )$$

○棄却域

有意水準0.05

対立仮説より〔1．両側検定　2．片側検定〕→(1)

$n_1+n_2 \geqq 100$

これより棄却域は
→(1)

1．$Z_{(\alpha/2)}=Z_{(0.025)}=1.96$
2．$Z_{(\alpha)}=Z_{(0.05)}=1.64$
3．$t_{(f,\alpha/2)}=t_{(60+60-2,0.025)}=1.658$
4．$t_{(f,\alpha)}=t_{(60+60-2,0.05)}=1.98$

○比較

$|T|$［1．＞　2．＜］→(1) 棄却域

●結論

有意水準0.05で、味噌汁の塩分量は東京と大阪では異なると
〔1．いえる　2．いえない〕→(1)

テストの解答

テスト 12

中学生の英語の学力に男女差があるかどうかを見るために、中学３年生の男子25名、女子23名を無作為に選び、英語の学力テストを行いました。平均点は男子が72.4（点）、女子が68.2（点）、得点の分散は男子が100、女子が81でした。

中学生の英語の学力に男女差があるといえるでしょうか。有意水準0.05で検定しなさい。ただし、過去のデータから、英語の成績のバラツキは男子と女子で差がないことが分かっています。

（　　）…４点、合計100点

【解　答】

○帰無仮説：$m_1 = m_2$　中学生男子と女子の英語の学力は
〔1．同じ　2．異なる〕→（ 1 ）。

○対立仮説：$m_1 \neq m_2$　中学生の英語の学力は男子と女子では
〔1．異なる　2．男子の方が高い　3．女子の方が高い〕→（ 1 ）。

○調査結果

標本（サンプル）サイズ	$n_1 = 25$（人）、　$n_2 = 23$（人）
標本平均	$\bar{x}_1 =$（ 72.4 ）（点）、$\bar{x}_2 =$（ 68.2 ）（点）
標本標準偏差	$u_1 =$（ 10 ）（点）、$u_2 =$（ 9 ）（点）

○統計量 T

「母平均の差の検定」の公式を適用。ただし、$n_1 + n_2 < 100$、$\sigma_1 = \sigma_2$ なので、標準偏差は以下の u を用いる。

$$u^2 = \frac{(n_1-1)u_1^2 + (n_2-1)u_2^2}{n_1+n_2-2} = \frac{(\ 24\ )\times(\ 100\ ) + (\ 22\ )\times(\ 81\ )}{25+23-2} = (\ 90.9\ )$$

$$T = \frac{\bar{x}_1 - \bar{x}_2}{\sqrt{\dfrac{u^2}{n_1} + \dfrac{u^2}{n_2}}} = \frac{(\ 72.4\ ) - (\ 68.2\ )}{\sqrt{\dfrac{(\ 90.9\ )}{(\ 25\ )} + \dfrac{(\ 90.9\ )}{(\ 23\ )}}} = \frac{(\ 4.2\ )}{(\ 2.75\ )} = (\ 1.53\ )$$

○棄却域

有意水準〔1．0.05　2．0.01〕→（ 1 ）

対立仮説より〔1．両側検定　2．片側検定〕→（ 1 ）

$n_1 + n_2 < 100$

これより棄却域は
→（ 3 ）

1．$Z_{(\alpha/2)} = Z_{(0.025)} = 1.96$
2．$Z_{(\alpha)} = Z_{(0.05)} = 1.64$
3．$t_{(f,\alpha/2)} = t_{(25+23-2,0.025)} = 2.103$
4．$t_{(f,\alpha)} = t_{(25+23-2,0.05)} = 1.679$

→次ページに続く

V　統計的検定

○比較

$|T|$〔1．>　2．<〕→(2) 棄却域

●結論

有意水準0.05で、中学生の英語の学力は男子と女子で異なると〔1．いえる　2．いえない〕→(2)

テスト 13

ある小学校で、1年生の身長に男女差があるかどうかを調べるために、男子6人、女子4人を無作為に選び、身長を測りました。

男子(cm)	124	120	122	116	118	120
女子(cm)	113	114	115	114		

この結果から、この小学校の1年生の平均身長は女子より男子の方が高いといえるかどうか有意水準0.05で検定しなさい。

(　　　)… 2点 〈　　　〉… 1点、合計100点

【解　答】

○帰無仮説：$m_1 = m_2$

男子と女子の平均身長は〔1．同じ　2．異なる〕→(1)。

○対立仮説：m_1〔1．≠　2．＞　3．＜〕→(2) m_2

平均身長は男子と女子では〔1．異なる　2．男子の方が高い　3．女子の方が高い〕→(2)。

○調査結果

男子

	x_i	$x_i - \overline{x}$	$(x_i - \overline{x})^2$
1	124	〈 4 〉	〈 16 〉
2	120	〈 0 〉	〈 0 〉
3	122	〈 2 〉	〈 4 〉
4	116	〈 −4 〉	〈 16 〉
5	118	〈 −2 〉	〈 4 〉
6	120	〈 0 〉	〈 0 〉
計	$\sum x_i$ (720)	$\sum (x_i - \overline{x})$ 0	$\sum (x_i - \overline{x})^2$ (40)

女子

	x_i	$x_i - \overline{x}$	$(x_i - \overline{x})^2$
1	113	〈 −1 〉	〈 1 〉
2	114	〈 0 〉	〈 0 〉
3	115	〈 1 〉	〈 1 〉
4	114	〈 0 〉	〈 0 〉
計	$\sum x_i$ (456)	$\sum (x_i - \overline{x})$ (0)	$\sum (x_i - \overline{x})^2$ (2)

標本（サンプル）サイズ　n_1＝(6)（人）、n_2＝(4)（人）

標本平均　$\overline{x}_1$＝(120)（cm）、$\overline{x}_2$＝(114)（cm）

標本分散　u_1^2＝(8)（cm）、u_2^2＝(0.67)（cm）

○統計量 T

「母平均の差の検定」の公式を適用。

$$T = \frac{\overline{x}_1 - \overline{x}_2}{\sqrt{\dfrac{u_1^2}{n_1} + \dfrac{u_2^2}{n_2}}} = \frac{(\ 120\ ) - (\ 114\ )}{\sqrt{\dfrac{(\ 8\ )}{(\ 6\ )} + \dfrac{(\ 0.67\ )}{(\ 4\ )}}} = \frac{(\ 6\ )}{(\ 1.225)} = (\ 4.9\ )$$

→次ページに続く

V　統計的検定

○棄却域

有意水準0.05

対立仮説より〔1．両側検定　2．片側検定〕→(2)

$n_1+n_2<100$

σ_1、σ_2 が未知、$n_1+n_2<100$ よりウェルチの検定を用いる。

これより自由度 f は、

$$f=\left(\frac{u_1^2}{n_1}+\frac{u_2^2}{n_2}\right)^2\div\left\{\frac{u_1^4}{n_1^2(n_1-1)}+\frac{u_2^4}{n_2^2(n_2-1)}\right\}$$

$$=\left\{\frac{(\ 8\ )}{(\ 6\ )}+\frac{(\ 0.67\ )}{(\ 4\ )}\right\}^2\div\left\{\frac{(\ 64\ )}{(\ 180\ )}+\frac{(\ 0.449\ )}{(\ 48\ )}\right\}$$

$$=(\ 2.25\ )\div(\ 0.365\ )=(\ 6.2\ )$$

これより棄却域は〔1．$t_{(f,\alpha/2)}$　2．$t_{(f,\alpha)}$〕→(2)

$$=t\{(\ 6\ ),\ 0.05\}=(\ 1.943\ )$$

○比較

T〔1．＞　2．＜〕→(1)棄却域

●結論

有意水準0.05で、この小学校１年生の平均身長は男子のほうが女子より高いと〔1．いえる　2．いえない〕→(1)

テスト 14

体育の指導前と指導後で、100 m走のタイムに差が生じるかどうかを調べました。無作為に選んだ5人の生徒を調べたところ、右の結果を得ました。指導後は指導前よりタイムが良くなったといえるでしょうか。

有意水準0.05で検定しなさい。

No.	指導前	指導後	差
1	13.1	12.8	0.3
2	13.2	13.1	0.1
3	14.0	14.2	−0.2
4	13.5	13.5	0.0
5	13.3	13.1	0.2

（　　）… 4 点 〈　　〉… 1 点、合計100点

【解　答】

○帰無仮説：$m=0$

指導前後の平均タイムの差は0〔1．である　2．ではない〕→(1)。

○対立仮説：m_1〔1．≠　2．>　3．<〕→(2)0

指導前後の平均タイムの差は0〔1．ではない　2．より大きい　3．より小さい〕→(2)。

○調査結果

No.	x_i	$x_i-\bar{x}$	$(x_i-\bar{x})^2$
1	0.3	〈 0.22 〉	〈 0.0484 〉
2	0.1	〈 0.02 〉	〈 0.0004 〉
3	−0.2	〈 −0.28 〉	〈 0.0784 〉
4	0.0	〈 −0.08 〉	〈 0.0064 〉
5	0.2	〈 0.12 〉	〈 0.0144 〉
計	Σx_i 〈 0.4 〉	$\Sigma(x_i-\bar{x})$ 0	$\Sigma(x_i-\bar{x})^2$ 〈 0.148 〉

標本（サンプル）サイズ　$n=$(5)（人）

標本平均　$\bar{x}=$(0.08)（秒）

偏差平方和　$S=$(0.148)

標本標準偏差　$u=\sqrt{V}=$(0.192)

標本分散　$V=\dfrac{S}{n-1}=\dfrac{(\ 0.148\ )}{(\ 4\ )}=$(0.037)

○統計量 T

【対応のある場合】の公式を適用。

$$T=\frac{\bar{x}}{u/\sqrt{n}}=\frac{(\ 0.08\ )}{(\ 0.192\ )/\sqrt{(\ 5\ )}}=(\ 0.93\ )$$

→次ページに続く

V　統計的検定

○棄却域

有意水準0.05

対立仮説より〔1．両側検定　2．片側検定〕→(2)

対応のある場合の検定は、常に t 検定。

自由度 $f=n-1=$(4)

これより棄却域は
→(2)

$$\begin{bmatrix} 1.\ t_{(f,\alpha/2)}=t_{(4,0.025)}=(\ 2.776\ ) \\ 2.\ t_{(f,\alpha)}=t_{(4,0.05)}=(\ 2.132\ ) \end{bmatrix}$$

○比較

T〔1．＞　2．＜〕→(2)棄却域

●結論

有意水準0.05で、指導前後の平均タイムの差は0より大きいと〔1．いえる　2．いえない〕→(2)

すなわち、指導後は指導前に比べて速く走れるようになったと〔1．いえる　2．いえない〕→(2)

テストの解答

テスト 15

ある地域で450名を無作為抽出し、伝染病の予防接種の効果を調べ、右表の結果を得ました。予防接種は有効であったといえるでしょうか。

有意水準0.01で検定しなさい。

	罹患	非罹患	計
接種した	6	194	200
接種しない	10	240	250
計	16	334	450

〔　　　〕… 4 点、(　　　)… 3 点、合計100点

POINT 罹患率を計算し、母比率の差の検定を行います。

【解　答】

○帰無仮説：$P_1 = P_2$

予防接種した場合の罹患率は、しない場合と〔1．同じ　2．異なる〕→(1)。

○対立仮説：P_1〔1．≠　2．>　3．<〕→(3)P_2

予防接種した場合の罹患率は、しない場合〔1．と異なる　2．より高い　3．より低い〕→(3)。

○調査結果

標本（サンプル）サイズ　$n_1 =$ (200)（人）、$n_2 =$ (250)（人）

標本比率　$\bar{p}_1 = \dfrac{(\ 6\ )}{(\ 200\ )} = (\ 0.03\ )$　$\bar{p}_2 = \dfrac{(\ 10\ )}{(\ 250\ )} = (\ 0.04\ )$

○統計量 T

【母比率の検定】の公式を適用。

$$\bar{p} = \frac{n_1 \bar{p}_1 + n_2 \bar{p}_2}{n_1 + n_2} = \frac{(\ 200\ )\times(\ 0.03\ )+(\ 250\ )\times(\ 0.04\ )}{(\ 200\ )+(\ 250\ )} = (\ 0.0356\ )$$

$$T = \frac{\bar{p}_1 - \bar{p}_2}{\sqrt{\bar{p}(1-\bar{p})\left(\dfrac{1}{n_1}+\dfrac{1}{n_2}\right)}}$$

$$= \frac{(\ 0.03\ )-(\ 0.04\ )}{\sqrt{(\ 0.0356\ )\times\{1-(\ 0.0356\ )\}\times\left\{\dfrac{1}{(\ 200\ )}+\dfrac{1}{(\ 250\ )}\right\}}}$$

$$= \frac{(\ -0.01\ )}{\sqrt{(\ 0.0356\ )\times(\ 0.9644\ )\times(\ 0.009\ )}} = (\ -0.57\ )$$

→次ページに続く

V　統計的検定

○棄却域

有意水準0.01

対立仮説より〔1．両側検定　2．片側検定〕→（２）

母比率の差の検定は、標本（サンプル）サイズに関わらず Z 検定

これより棄却域は　$\begin{bmatrix} 1.\ Z_{(\alpha/2)} = Z_{(0.005)} = 2.58 \\ 2.\ Z_{(\alpha)} = Z_{(0.01)} = 2.33 \end{bmatrix}$

→（２）

○比較

T〔1．＞　2．＜〕→（１）－棄却域

●結論

有意水準0.01で、予防接種後の罹患率は接種前より低い（即ち予防接種の効果があった）と〔1．いえる　2．いえない〕→〔２〕

テストの解答

テスト 16

硬貨を50回投げたところ、表が30回出ました。この硬貨は不正にものといえるかどうかを、有意水準0.05で検定しなさい。

( )…5点、合計100点

【解 答】

○帰無仮説：$p_1 = p_2 = 0.5$ 表と裏の出る確率は等しい。

○対立仮説：$p_1 \neq p_2 \neq 0.5$ 表と裏の出る確率は異なる。

✍正しい硬貨の表と裏の出る確率は同じと考えます。

○実験結果

標本(サンプル)サイズ $n = 50$ 回

	表	裏	計
実測度数	(30)	(20)	(50)
期待度数	(25)	(25)	(50)

○統計量 T

$$T = \sum \frac{(n_i - np_i)^2}{np_i}$$

$$= \frac{\{(30)-(25)\}^2}{(25)} + \frac{\{(20)-(25)\}^2}{(25)} = (2)$$

○棄却域

有意水準0.05

自由度 f＝カテゴリー数−1＝(1)

✍カテゴリー数は「表」「裏」の２つ。

$\chi^2(\mathrm{f}, \alpha) = \chi^2\{(1), 0.05\} = (3.841)$

○比較

$|T|$〔1．>　2．<〕→(2) 棄却域

ゆえに帰無仮説が〔1．棄却できる　2．棄却できない〕→(2)

これより対立仮説が〔1．採択される　2．採択できない〕→(2)

●結論

有意水準0.05で、この硬貨は表と裏の出る確率が異なる(不正な硬貨である)と〔1. いえる　2. いえない〕。→(2)

VI　ノンパラメトリックの検定

テスト　17

血液型と支持政党に関連があるかどうかを調べるため、200人にアンケート調査を行いました。右はその結果です。血液型と支持政党の関連性を、有意水準0.05で検定しなさい。

		支持政党			計
		α	β	γ	
血液型	A	25	25	30	80
	O	23	23	14	60
	B	22	10	8	40
	AB	5	7	8	20
計		75	65	60	200

〈　　〉… 4 点、(　　)… 1 点、合計100点

【解　答】

○帰無仮説：血液型と支持政党は独立で〔1．ある　2．ない〕.→〈 1 〉

○対立仮説：血液型と支持政党は独立で〔1．ある　2．ない〕.→〈 2 〉

○期待度数

	α	β	γ
A	$\frac{(\ 75\ )\times(\ 80\ )}{200}$ =(30.0)	$\frac{(\ 65\ )\times(\ 80\ )}{200}$ =(26.0)	$\frac{(\ 60\ )\times(\ 80\ )}{200}$ =(24.0)
O	$\frac{(\ 75\ )\times(\ 60\ )}{200}$ =(22.5)	$\frac{(\ 65\ )\times(\ 60\ )}{200}$ =(19.5)	$\frac{(\ 60\ )\times(\ 60\ )}{200}$ =(18.0)
B	$\frac{(\ 75\ )\times(\ 40\ )}{200}$ =(15.0)	$\frac{(\ 65\ )\times(\ 40\ )}{200}$ =(13.0)	$\frac{(\ 60\ )\times(\ 40\ )}{200}$ =(12.0)
AB	$\frac{(\ 75\ )\times(\ 20\ )}{200}$ =(7.5)	$\frac{(\ 65\ )\times(\ 20\ )}{200}$ =(6.5)	$\frac{(\ 60\ )\times(\ 20\ )}{200}$ =(6.0)

○統計量 T

$$T=\frac{\{25-(\ 30.0\ )\}^2}{(\ 30.0\ )}+\frac{\{25-(\ 26.0\ )\}^2}{(\ 26.0\ )}+\frac{\{30-(\ 24.0\ )\}^2}{(\ 24.0\ )}$$
$$+\frac{\{23-(\ 22.5\ )\}^2}{(\ 22.5\ )}+\frac{\{23-(\ 19.5\ )\}^2}{(\ 19.5\ )}+\frac{\{14-(\ 18.0\ )\}^2}{(\ 18.0\ )}$$
$$+\frac{\{22-(\ 15.0\ )\}^2}{(\ 15.0\ )}+\frac{\{10-(\ 13.0\ )\}^2}{(\ 13.0)}+\frac{\{8-(\ 12.0\ )\}^2}{(\ 12.0\ )}$$
$$+\frac{\{5-(\ 7.5\ )\}^2}{(\ 7.5\ )}+\frac{\{7-(\ 6.5\ )\}^2}{(\ 6.5\ )}+\frac{\{8-(\ 6.0\ )\}^2}{(\ 6.0\ )}=\langle\ 10.73\ \rangle$$

→次ページに続く

テストの解答

○棄却域

有意水準0.05

自由度 f={〈 4 〉 −1}×{〈 3 〉 −1}= 〈 6 〉

χ^2(f, 0.05)= χ^2(〈 6 〉, 0.05)= 〈 12.59 〉

○比較

統計量 T〔1． >　2． <〕→〈 2 〉棄却域

●結論

有意水準0.05で、血液型と支持政党は独立でない(関連がある)と

〔1．いえる　2．いえない〕→〈 2 〉

付　録

❶標準正規分布表の見方

下の表は，値 z に対応する，図の斜線部分の確率を求めた表です.

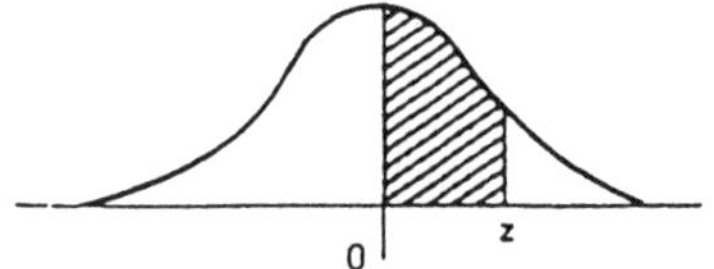

●標準正規分布表

z	0.00	0.01	0.02	0.03	0.04	0.05	0.06	0.07	0.08	0.09
0.0	0.00000	0.00399	0.00798	0.01197	0.01595	0.01994	0.02392	0.02790	0.03188	0.03586
0.1	.03983	.04380	.04776	.05172	.05567	.05962	.06356	.06749	.07142	.07535
0.2	.07926	.08317	.08706	.09095	.09483	.09871	.10257	.10642	.11026	.11409
1.5	.43319	.43448	.43578	.43699	.43822	.43948	.44062	.44179	.44295	.44408
1.6	.44520	.44630	.44738	.44845	.44950	.45058	.45154	.45254	.45352	.45994
1.7	.45543	.45637	.45728	.45818	.45907	.45994	.46080	.46164	.46246	.46327
1.8	.46407	.46485	.46562	.46638	.46712	.46784	.46856	.46926	.46995	.47026
1.9	.47128	.47193	.47257	.47320	.47381	.47441	.47500	.47558	.47615	.47670
2.0	.47725	.47778	.47831	.47882	.47932	.47982	.48030	.48077	.48124	.48169
2.1	.48214	.48257	.48300	.48341	.48382	.48422	.48461	.48500	.48537	.48574

（例）　$z=1.96$ に対する次の斜線部分の確率を求めてみます.

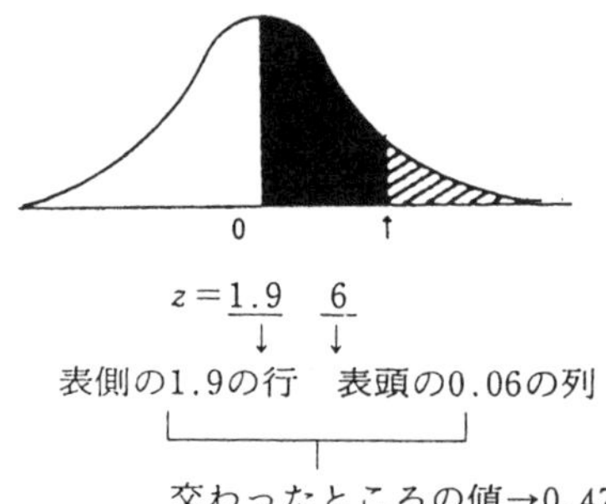

●0.475は，図の黒塗部分の確率なので，0.5－0.475＝0.025

これにより，求める確率は0.025とわかります.

（例）　確率0.05に対する z の値を求めてみます.

●0.5から0.05を引きます.　　0.5－0.05＝0.45

●標準正規分布表の中で，0.45にもっとも近い値をさがします.

この場合は0.4495

●0.4495の表側の z は，1.6

〃　の表頭の z は，0.04，1.6＋0.04＝1.64

これにより，求める z の値は1.64とわかります.

注.　確率0.05に対する z の値を，$z(0.05)=1.64$ という書き方をすることがあります.

❷t 分布表の見方

下の t 分布表は，図の斜線部分の確率 α と，自由度 f に対する t の値を示したものです．

●t 分布

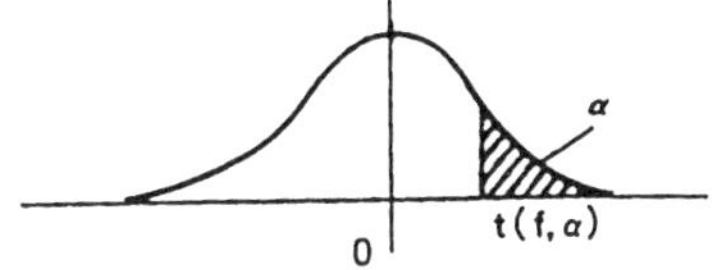

●t 分布表　　自由度 f　確率 α

f \ α	0.100	0.050	0.025	0.010	0.005
0.5	10.27	41.14	164.56	1028.5	4114.0
1	3.078	6.314	12.706	31.821	63.657
2	1.886	2.920	4.303	6.965	9.925
3	1.638	2.353	3.182	4.541	5.841
4	1.533	2.132	2.776	3.747	4.604
5	1.476	2.015	2.571	3.369	4.032
6	1.440	1.943	2.447	3.143	3.707
7	1.415	1.895	2.365	2.998	3.499
8	1.397	1.860	2.306	2.896	3.355
9	1.383	1.833	2.262	2.821	3.250
10	1.372	1.812	2.228	2.764	3.169
11	1.363	1.796	2.201	2.718	3.106
12	1.356	1.782	2.179	2.681	3.055
13	1.350	1.771	2.160	2.650	3.012
14	1.345	1.761	2.145	2.624	2.977
15	1.341	1.753	2.131	2.602	2.947
16	1.337	1.746	2.120	2.583	2.921
17	1.333	1.740	2.110	2.567	2.898
18	1.330	1.734	2.101	2.552	2.878
19	1.328	1.729	2.093	2.539	2.861
20	1.325	1.725	2.086	2.528	2.845

(例)　$f=10$，有意水準 $\alpha=0.05$ のときの t の値を，

$$t=t(f, \alpha/2) \text{ と，} t=t(f, \alpha)$$

の場合について求めてみます．

●$t=t(f, \alpha/2)=t(10, 0.05/2)=t(10, 0.025)=2.228$

↓

表側の10の行，表頭0.025の列の交わったところの値

$t=t(f, \alpha)=t(10, 0.05)=1.812$

↑

表側10の行，表頭0.05の列の交わったところの値

付　録

❸カイ自乗分布表の見方

下のカイ自乗分布表は，図の斜線部分の確率 α と，自由度 f に対するカイ自乗値 (χ^2) を示したものです．

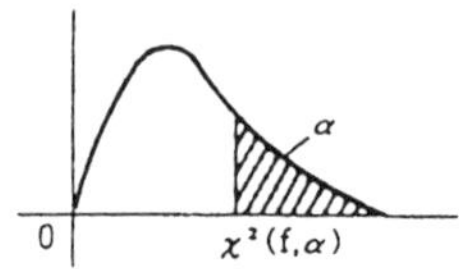

●カイ自乗分布表　　自由度 f　確率 α

f ＼ α	.995	.990	.975	.950	.050	.025	.010	.005
1	$0.0^4 3927$	$0.0^3 1571$	$0.0^3 9821$	$0.0^2 3932$	3.841	5.024	6.635	7.879
2	0.01003	0.02010	0.5064	0.1026	5.991	7.378	9.210	10.60
3	0.07172	0.1148	0.2158	0.3518	7.815	9.348	11.34	12.84
4	0.2070	0.2971	0.4844	0.7107	9.488	11.14	13.28	14.85
5	0.4117	0.5543	0.8312	1.145	11.07	12.83	15.09	16.75
6	0.6757	0.8721	1.237	1.635	12.45	14.45	16.81	18.55
7	0.9893	1.239	1.690	2.167	14.07	16.01	18.48	20.28
8	1.344	1.046	2.180	2.733	15.51	17.53	20.09	21.95
9	1.735	2.083	2.700	3.325	16.92	19.02	21.67	23.59
10	2.156	2.558	3.247	3.940	18.31	20.48	23.21	25.19
11	2.603	3.053	3.816	4.575	19.68	21.92	24.72	26.76
12	3.074	3.571	4.404	5.226	21.03	23.34	26.22	28.30
13	3.565	4.107	5.009	5.892	22.36	24.74	27.69	29.82
14	4.075	4.660	5.629	6.571	23.68	26.12	29.14	31.32
15	4.601	5.229	6.262	7.261	25.00	27.49	30.58	32.80
16	5.142	5.812	6.908	7.962	26.30	28.35	32.00	34.27
17	5.697	6.408	7.564	8.672	27.59	30.19	33.41	35.72
18	6.265	7.015	8.231	9.390	28.87	31.53	34.81	37.16
19	6.844	7.633	8.907	10.12	30.14	32.85	36.19	38.58
20	7.434	8.260	9.591	10.85	31.41	34.17	37.57	40.00
21	8.034	8.897	10.28	11.59	32.67	35.48	38.93	41.40
22	8.643	9.542	10.98	12.34	33.92	36.78	40.29	42.80

（例）　$f=10$，有意水準 $\alpha=0.05$ のときのカイ自乗値を，

$$\chi^2=\chi^2(f,\alpha) \text{ と } \chi^2=\chi^2(f,\alpha/2)$$

の場合について求めてみます．

● $\chi^2=\chi^2(f,\alpha/2)=\chi^2(10,0.05/2)=\chi^2(10,0.025)=20.48$

↑

表側の10の行，表頭0.025の列の交わったところの値

● $\chi^2=\chi^2(f,\alpha)=\chi^2(10,0.025)=18.31$

↑

表側の10の行，表頭0.05の列の交わったところの値

❹F 分布表の見方

下のF分布表は，有意水準 α，自由度 f_1, f_2 に対するF値を示したもので，有意水準ごとに表示されています．

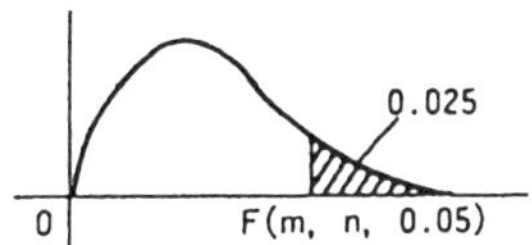

● F 分布表　　自由度 m, n　確率0.05

n＼m	1	2	3	4	5	6	7	8	9
1	647.789	799.500	864.163	899.583	921.848	987.111	948.217	956.656	963.285
2	38.506	39.000	39.165	39.248	39.298	39.331	39.355	39.373	39.387
3	17.443	16.044	15.439	15.101	14.885	14.735	14.624	14.540	14.473
4	12.218	10.649	9.979	9.605	9.364	9.197	9.074	8.980	8.905
5	10.007	8.434	7.764	7.388	7.146	6.978	6.853	6.757	6.681
6	8.813	7.260	6.599	6.227	5.988	5.820	5.695	5.600	5.523
7	8.073	6.542	5.890	5.523	5.285	5.119	4.995	4.899	4.823
8	7.571	6.059	5.416	5.053	4.817	4.652	4.529	4.433	4.357
9	7.209	5.715	5.078	4.718	4.484	4.320	4.197	4.102	4.026
10	6.937	5.456	4.826	4.468	4.236	4.072	3.950	3.855	3.779
11	6.724	5.256	4.630	4.275	4.044	3.881	3.759	3.664	3.588
12	6.554	5.096	4.474	4.121	3.891	3.728	3.607	3.512	3.436
13	6.414	4.965	4.347	3.996	3.767	3.604	3.483	3.388	3.312
14	6.298	4.857	4.242	3.892	3.663	3.501	3.380	3.285	3.209
15	6.200	4.765	4.153	3.804	3.576	3.415	3.293	3.199	3.123
16	6.115	4.687	4.077	3.729	3.502	3.341	3.219	3.125	3.049
17	6.042	4.619	4.011	3.665	3.438	3.277	3.156	3.061	2.985
18	5.978	4.560	3.954	3.608	3.382	3.221	3.100	3.005	2.929
19	5.922	4.508	3.903	3.559	3.333	3.172	3.051	3.956	2.880
20	5.871	4.461	3.859	3.515	3.289	3.128	3.007	3.913	2.837
21	5.827	4.420	3.819	3.475	3.250	3.090	2.969	2.874	2.798
22	5.786	4.383	3.783	3.440	3.215	3.055	2.934	2.839	2.763

F分布表から自由度 f_m, f_n，有意水準 α のとき，$F(f_m, f_n, \alpha)$ の値を読みとるには，次のようにします．

- α の値に対応するF分布表を選びます．
- その表の上で，横軸の f_n の値，縦軸の f_m の値を選び，その交差する部分の数字を読みとります．
- f_m の値が11以上，f_n の値が51以上の場合は，必要に応じて計算で，$F(f_m, f_n, \alpha)$ の値を求めます．

(例)　$F(18, 10, 0.05)$ の値を求めます．

F分布表からは $F(15, 10, 0.05)=2.845$ と，$F(20, 10, 0.05)=2.774$ の値しか読み取れませんので，この場合は次のような計算を行って $F(18, 10, 0.05)$ を求めます．

$$(18-15)/(20-15)\times(2.774-2.845)+2.845=2.8024$$

これにより，$F(18, 10, 0.05)$ の値は，近似で 2.8024 と求めることができます．

付　録

付表(1)　標準正規分布表

値Zに対する確率

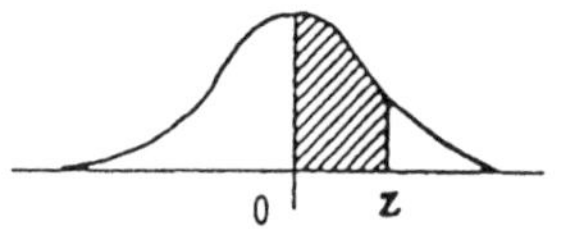

z	0.00	0.01	0.02	0.03	0.04	0.05	0.06	0.07	0.08	0.09
0.0	0.00000	0.00399	0.00798	0.01197	0.01595	0.01994	0.02392	0.02790	0.03188	0.03586
0.1	.03983	.04380	.04776	.05172	.05567	.05962	.06356	.06749	.07142	.07535
0.2	.07926	.08317	.08706	.09095	.09483	.09871	.10257	.10642	.11026	.11409
0.3	.11791	.12172	.12552	.12930	.13307	.13683	.14058	.14431	.14803	.15173
0.4	.15542	.15910	.16276	.16640	.17003	.17364	.17724	.18082	.18439	.18793
0.5	.19146	.19497	.19847	.20194	.20540	.20884	.21226	.21566	.21904	.22240
0.6	.22575	.22907	.23237	.23565	.23891	.24215	.24537	.24857	.25175	.25490
0.7	.25804	.26115	.26424	.26730	.27035	.27337	.27637	.27935	.28230	.28524
0.8	.28814	.29103	.29389	.29673	.29955	.30234	.30511	.30785	.31057	.31327
0.9	.31594	.31859	.32121	.32381	.32639	.32894	.33147	.33398	.33646	.33891
1.0	.34134	.34375	.34614	.34850	.35083	.35314	.35543	.35769	.35993	.36214
1.1	.36433	.36650	.36864	.37076	.37286	.37493	.37698	.37900	.38100	.38298
1.2	.38493	.38686	.38877	.39065	.39251	.39435	.39617	.39796	.39973	.40147
1.3	.40320	.40490	.40658	.40824	.40988	.41149	.41309	.41466	.41621	.41774
1.4	.41924	.42073	.42220	.42364	.42507	.42647	.42786	.42922	.43056	.43189
1.5	.43319	.43448	.43574	.43699	.43822	.43948	.44062	.44179	.44295	.44408
1.6	.44520	.44630	.44738	.44845	.44950	.45058	.45154	.45254	.45352	.45449
1.7	.45543	.45637	.45728	.45818	.45907	.45994	.46080	.46164	.46246	.46327
1.8	.46407	.46485	.46562	.46638	.46712	.46784	.46856	.46926	.46995	.47062
1.9	.47128	.47193	.47257	.47320	.47381	.47441	.47500	.47558	.47615	.47670
2.0	.47725	.47778	.47831	.47882	.47932	.47982	.48030	.48077	.48124	.48196
2.1	.48214	.48257	.48300	.48341	.48382	.48422	.48461	.48500	.48537	.48574
2.2	.48610	.48645	.48679	.48713	.48745	.48778	.48809	.48840	.48870	.48899
2.3	.48928	.48956	.48983	.49010	.49036	.49061	.49086	.49111	.49134	.49158
2.4	.49180	.49202	.49224	.49245	.49266	.49286	.49305	.49324	.49343	.49361
2.5	.49379	.49396	.49413	.49430	.49446	.49461	.49477	.49492	.49506	.49520
2.6	.49534	.49547	.49560	.49573	.49585	.49598	.49609	.49621	.49632	.49643
2.7	.49653	.49664	.49674	.49683	.49693	.49702	.49711	.49720	.49728	.49736
2.8	.49744	.49752	.49760	.49767	.49774	.49781	.49788	.49795	.49801	.49807
2.9	.49813	.49819	.49825	.49831	.49836	.49841	.49846	.49851	.49856	.49861
3.0	.49865	.49869	.49874	.49878	.49882	.49886	.49889	.49893	.49897	.49900
3.1	.49903	.49906	.49910	.49913	.49916	.49918	.49921	.49924	.49926	.49929
3.2	.49931	.49934	.49936	.49938	.49940	.49942	.49944	.49946	.49948	.49950
3.3	.49952	.49953	.49955	.49957	.49958	.49960	.49961	.49962	.49964	.49965
3.4	.49966	49968	.49969	.49970	.49971	.49972	.49973	.49974	.49975	.49976
3.5	.49977	.49978	.49978	.49979	.49980	.49981	.49981	.49982	.49983	.49983
3.6	.49984	.49985	.49985	.49986	.49986	.49987	.49987	.49988	.49988	.49989
3.7	.49989	.49990	.49990	.49990	.49991	.49991	.49992	.49992	.49992	.49992
3.8	.49993	.49993	.49993	.49994	.49994	.49994	.49994	.49995	.49995	.49995
3.9	.49995	.49995	.49996	.49996	.49996	.49996	.49996	.49996	.49997	.49997

付表(2) *t* 分布表

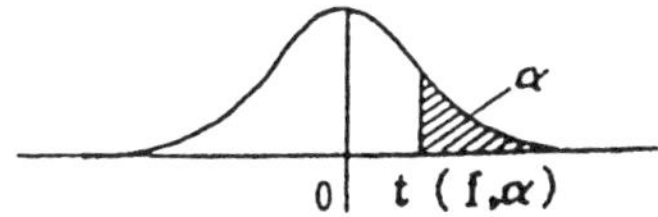

f \ α	0.100	0.050	0.025	0.010	0.005
0.5	10.27	41.14	164.56	1028.5	4114.0
1	3.078	6.314	12.706	31.821	63.657
2	1.886	2.920	4.303	6.965	9.925
3	1.638	2.353	3.182	4.541	5.841
4	1.533	2.132	2.776	3.747	4.604
5	1.476	2.015	2.571	3.365	4.032
6	1.440	1.943	2.447	3.143	3.707
7	1.415	1.895	2.365	2.998	3.499
8	1.397	1.860	2.306	2.896	3.355
9	1.383	1.833	2.262	2.821	3.250
10	1.372	1.812	2.228	2.764	3.196
11	1.363	1.796	2.201	2.718	3.106
12	1.356	1.782	2.179	2.681	3.055
13	1.350	1.771	2.160	2.650	3.012
14	1.345	1.761	2.145	2.624	2.977
15	1.341	1.753	2.131	2.602	2.947
16	1.337	1.746	2.120	2.583	2.921
17	1.333	1.740	2.110	2.567	2.898
18	1.330	1.734	2.101	2.552	2.878
19	1.328	1.729	2.093	2.539	2.861
20	1.325	1.725	2.086	2.528	2.845
21	1.323	1.721	2.080	2.518	2.831
22	1.321	1.717	2.074	2.508	2.819
23	1.319	1.714	2.069	2.500	2.807
24	1.318	1.711	2.064	2.492	2.797
25	1.316	1.708	2.060	2.485	2.787
26	1.315	1.706	2.056	2.479	2.779
27	1.314	1.703	2.052	2.473	2.771
28	1.313	1.701	2.048	2.467	2.763
29	1.311	1.699	2.045	2.462	2.756
30	1.310	1.697	2.042	2.457	2.750
31	1.309	1.696	2.040	2.453	2.744
32	1.309	1.694	2.037	2.449	2.738
33	1.308	1.692	2.035	2.445	2.733
34	1.307	1.691	2.032	2.441	2.728
35	1.306	1.690	2.030	2.438	2.724
36	1.306	1.688	2.028	2.434	2.719
37	1.305	1.687	2.026	2.431	2.715
38	1.304	1.686	2.024	2.429	2.712
39	1.304	1.685	2.023	2.426	2.708
40	1.303	1.684	2.021	2.423	2.704
41	1.303	1.683	2.020	2.421	2.701
42	1.302	1.682	2.018	2.418	2.698
43	1.302	1.681	2.017	2.416	2.695
44	1.301	1.680	2.015	2.414	2.692
45	1.301	1.679	2.014	2.412	2.690
46	1.300	1.679	2.013	2.410	2.687
47	1.300	1.678	2.012	2.408	2.685
48	1.299	1.677	2.011	2.407	2.682
49	1.299	1.677	2.010	2.405	2.680
50	1.299	1.676	2.009	2.403	2.678
60	1.296	1.671	2.000	2.390	2.660
80	1.292	1.664	1.990	2.374	2.639
120	1.289	1.658	1.980	2.358	2.617
240	1.285	1.651	1.970	2.342	2.596
∞	1.282	1.645	1.960	2.326	2.576

付　録

付表(3)　カイ自乗分布表

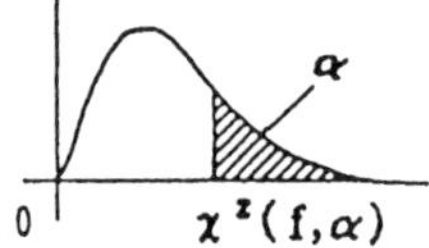

f \ α	.995	.990	.975	.950	.050	.025	.010	.005
1	$0.0^4 3927$	$0.0^3 1571$	$0.0^3 9821$	$0.0^2 3932$	3.841	5.024	6.635	7.879
2	0.01003	0.02010	0.05064	0.1026	5.991	7.378	9.210	10.60
3	0.07172	0.1148	0.2158	0.3518	7.815	9.348	11.34	12.84
4	0.2070	0.2971	0.4844	0.7107	9.488	11.14	13.28	14.85
5	0.4117	0.5543	0.8312	1.145	11.07	12.83	15.09	16.75
6	0.6757	0.8721	1.237	1.635	12.59	14.45	16.81	18.55
7	0.9893	1.239	1.690	2.167	14.07	16.01	18.48	20.28
8	1.344	1.046	2.180	2.733	15.51	17.53	20.09	21.95
9	1.735	2.083	2.700	3.325	16.92	19.02	21.67	23.59
10	2.156	2.558	3.247	3.940	18.31	20.48	23.21	25.19
11	2.603	3.053	3.816	4.575	19.68	21.92	24.72	26.76
12	3.074	3.571	4.404	5.226	21.03	23.34	26.22	28.30
13	3.565	4.107	5.009	5.892	22.36	24.74	27.69	29.82
14	4.075	4.660	5.629	6.571	23.68	26.12	29.14	31.32
15	4.601	5.229	6.262	7.261	25.00	27.49	30.58	32.80
16	5.142	5.812	6.908	7.962	26.30	28.85	32.00	34.27
17	5.697	6.408	7.564	8.672	27.59	30.19	33.41	35.72
18	6.265	7.015	8.231	9.390	28.87	31.53	34.81	37.16
19	6.844	7.633	8.907	10.12	30.14	32.85	36.19	38.58
20	7.434	8.260	9.591	10.85	31.41	34.17	37.57	40.00
21	8.034	8.897	10.28	11.59	32.67	35.48	38.93	41.40
22	8.643	9.542	10.98	12.34	33.92	36.78	40.29	42.80
23	9.260	10.20	11.69	13.09	35.17	38.08	41.64	44.18
24	9.886	10.86	12.40	13.85	36.42	39.36	42.98	45.56
25	10.52	11.52	13.12	14.61	37.65	40.65	44.31	46.93
26	11.16	12.20	13.84	15.38	38.89	41.92	45.64	48.29
27	11.81	12.88	14.57	16.15	40.11	43.19	46.96	49.64
28	12.46	13.56	15.31	16.93	41.34	44.46	48.28	50.99
29	13.12	14.26	16.05	17.71	42.56	45.72	49.59	52.34
30	13.79	14.95	16.79	18.49	43.77	46.98	50.89	53.67
31	14.46	15.66	17.54	19.28	44.99	48.23	52.19	55.00
32	15.13	16.36	18.29	20.07	46.19	49.48	53.49	56.33
33	15.82	17.07	19.05	20.87	47.40	50.73	54.78	57.65
34	16.50	17.79	19.81	21.66	48.60	51.97	56.06	58.96
35	17.19	18.51	20.57	22.47	49.80	53.20	57.34	60.27
36	17.89	19.23	21.34	23.27	51.00	54.44	58.62	61.58
37	18.59	19.96	22.11	24.07	52.19	55.67	59.89	62.88
38	19.29	20.69	22.88	24.88	53.38	56.90	61.16	64.18
39	20.00	21.43	23.65	25.70	54.57	58.12	62.43	65.48
40	20.71	22.16	24.43	26.51	55.76	59.34	63.69	66.77
50	27.99	29.71	32.36	34.76	67.50	71.42	76.15	79.49
60	35.53	37.48	40.48	43.19	79.08	83.30	88.38	91.95
70	43.28	45.44	48.76	51.74	90.53	95.02	100.4	104.2
80	51.17	53.54	57.15	60.39	101.9	106.6	112.3	116.3
90	59.20	61.75	65.65	69.13	113.1	118.1	124.1	128.3
100	67.33	70.06	74.22	77.93	124.3	129.6	135.8	140.2
120	83.85	86.92	91.57	95.70	146.6	152.2	159.0	163.6
140	100.7	104.0	109.1	113.7	168.6	174.6	181.8	186.8
160	117.7	121.3	126.9	131.8	190.5	196.9	204.5	209.8
180	134.9	138.8	144.7	150.0	212.3	219.0	227.1	232.6
200	152.2	156.4	162.7	168.3	234.0	241.1	249.4	255.3
240	187.3	192.0	199.0	205.1	277.1	284.8	293.9	300.2

付表(4)-1　F 分布表

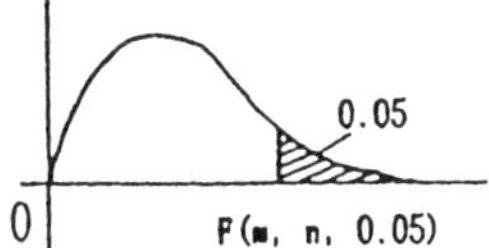

$\alpha=0.05$

n \ m	1	2	3	4	5	6	7	8	9
1	161.448	199.500	215.707	224.583	230.162	233.986	236.768	238.883	240.543
2	18.513	19.000	19.164	19.247	19.296	19.330	19.353	19.371	19.385
3	10.128	9.552	9.277	9.117	9.013	8.941	8.887	8.845	8.812
4	7.709	6.944	6.591	6.388	6.256	6.163	6.094	6.041	5.999
5	6.608	5.786	5.409	5.192	5.050	4.950	4.876	4.818	4.772
6	5.987	5.143	4.757	4.534	4.387	4.284	4.207	4.147	4.099
7	5.591	4.737	4.347	4.120	3.972	3.866	3.787	3.726	3.677
8	5.318	4.459	4.066	3.838	3.687	3.581	3.500	3.438	3.388
9	5.117	4.256	3.863	3.633	3.482	3.374	3.293	3.230	3.179
10	4.965	4.103	3.708	3.478	3.326	3.217	3.135	3.072	3.020
11	4.844	3.982	3.587	3.357	3.204	3.095	3.012	2.948	2.896
12	4.747	3.885	3.490	3.259	3.106	2.996	2.913	2.849	2.796
13	4.667	3.806	3.411	3.179	3.025	2.915	2.832	2.767	2.714
14	4.600	3.739	3.344	3.112	2.958	2.848	2.764	2.699	2.646
15	4.543	3.682	3.287	3.056	2.901	2.790	2.707	2.641	2.588
16	4.494	3.634	3.239	3.007	2.852	2.741	2.657	2.591	2.538
17	4.451	3.592	3.197	2.965	2.810	2.699	2.614	2.548	2.494
18	4.414	3.555	3.160	2.928	2.773	2.661	2.577	2.510	2.456
19	4.381	3.522	3.127	2.895	2.740	2.628	2.544	2.477	2.423
20	4.351	3.493	3.098	2.866	2.711	2.599	2.514	2.447	2.393
21	4.325	3.467	3.072	2.840	2.685	2.573	2.488	2.420	2.366
22	4.301	3.443	3.049	2.817	2.661	2.549	2.464	2.397	2.342
23	4.279	3.422	3.028	2.796	2.640	2.528	2.442	2.375	2.320
24	4.260	3.403	3.009	2.776	2.621	2.508	2.423	2.355	2.300
25	4.242	3.385	2.991	2.759	2.603	2.490	2.405	2.337	2.282
26	4.225	3.369	2.975	2.743	2.587	2.474	2.388	2.321	2.265
27	4.210	3.354	2.960	2.728	2.572	2.459	2.373	2.305	2.250
28	4.196	3.340	2.947	2.714	2.558	2.445	2.359	2.291	2.236
29	4.183	3.328	2.934	2.701	2.545	2.432	2.346	2.278	2.223
30	4.171	3.316	2.922	2.690	2.534	2.421	2.334	2.266	2.211
31	4.160	3.305	2.911	2.679	2.523	2.409	2.323	2.255	2.199
32	4.149	3.295	2.901	2.668	2.512	2.399	2.313	2.244	2.189
33	4.139	3.285	2.892	2.659	2.503	2.389	2.303	2.235	2.179
34	4.130	3.276	2.883	2.650	2.494	2.380	2.294	2.225	2.170
35	4.121	3.267	2.874	2.641	2.485	2.372	2.285	2.217	2.161
36	4.113	3.259	2.866	2.634	2.477	2.364	2.277	2.209	2.153
37	4.105	3.252	2.859	2.626	2.470	2.356	2.270	2.201	2.145
38	4.098	3.245	2.852	2.619	2.463	2.349	2.262	2.194	2.138
39	4.091	3.238	2.845	2.612	2.456	2.342	2.255	2.187	2.131
40	4.085	3.232	2.839	2.606	2.449	2.336	2.249	2.180	2.124
41	4.079	3.226	2.833	2.600	2.443	2.330	2.243	2.174	2.118
42	4.073	3.220	2.827	2.594	2.438	2.324	2.237	2.168	2.112
43	4.067	3.214	2.822	2.589	2.432	2.318	2.232	2.163	2.106
44	4.062	3.209	2.816	2.584	2.427	2.313	2.226	2.157	2.101
45	4.057	3.204	2.812	2.579	2.422	2.308	2.221	2.152	2.096
46	4.052	3.200	2.807	2.574	2.417	2.304	2.216	2.147	2.091
47	4.047	3.195	2.802	2.570	2.413	2.299	2.212	2.143	2.086
48	4.043	3.191	2.798	2.565	2.409	2.295	2.207	2.138	2.082
49	4.038	3.187	2.794	2.561	2.404	2.290	2.203	2.134	2.077
50	4.034	3.183	2.790	2.557	2.400	2.286	2.199	2.130	2.073
60	4.001	3.150	2.758	2.525	2.368	2.254	2.167	2.097	2.040
80	3.960	3.111	2.719	2.486	2.329	2.214	2.126	2.056	1.999
120	3.920	3.072	2.680	2.447	2.290	2.175	2.087	2.016	1.959
240	3.880	3.033	2.642	2.409	2.252	2.136	2.048	1.977	1.919
∞	3.841	2.996	2.605	2.372	2.214	2.099	2.010	1.938	1.880

付　録

付表(4)- 2　F 分布表

$\alpha=0.05$

10	12	15	20	24	30	40	60	120	∞	m / n
241.882	243.906	245.950	248.013	249.052	250.095	251.143	252.196	253.253	254.314	1
19.396	19.413	19.429	19.446	19.454	19.462	19.471	19.479	19.487	19.496	2
8.786	8.745	8.703	8.660	8.639	8.617	8.594	8.572	8.549	8.526	3
5.964	5.912	5.858	5.803	5.774	5.746	5.717	5.688	5.658	5.628	4
4.735	4.678	4.619	4.558	4.527	4.496	4.464	4.431	4.398	4.365	5
4.060	4.000	3.938	3.874	3.841	3.808	3.774	3.740	3.705	3.669	6
3.637	3.575	3.511	3.445	3.410	3.376	3.340	3.304	3.267	3.230	7
3.347	3.284	3.218	3.150	3.115	3.079	3.043	3.005	2.967	2.928	8
3.137	3.073	3.006	2.936	2.900	2.864	2.826	2.787	2.748	2.707	9
2.978	2.913	2.845	2.774	2.737	2.700	2.661	2.621	2.580	2.538	10
2.854	2.788	2.719	2.646	2.609	2.570	2.531	2.490	2.448	2.404	11
2.753	2.687	2.617	2.544	2.505	2.466	2.426	2.384	2.341	2.296	12
2.671	2.604	2.533	2.459	2.420	2.380	2.339	2.297	2.252	2.206	13
2.602	2.534	2.463	2.388	2.349	2.308	2.266	2.223	2.178	2.131	14
2.544	2.475	2.403	2.328	2.288	2.247	2.204	2.160	2.114	2.066	15
2.494	2.425	2.352	2.276	2.235	2.194	2.151	2.106	2.059	2.010	16
2.450	2.381	2.308	2.230	2.190	2.148	2.104	2.058	2.011	1.960	17
2.412	2.342	2.269	2.191	2.150	2.107	2.063	2.017	1.968	1.917	18
2.378	2.308	2.234	2.155	2.114	2.071	2.026	1.980	1.930	1.878	19
2.348	2.278	2.203	2.124	2.082	2.039	1.994	1.946	1.896	1.843	20
2.321	2.250	2.176	2.096	2.054	2.010	1.965	1.916	1.866	1.812	21
2.297	2.226	2.151	2.071	2.028	1.984	1.938	1.889	1.838	1.783	22
2.275	2.204	2.128	2.048	2.005	1.961	1.914	1.865	1.813	1.757	23
2.255	2.183	2.108	2.027	1.984	1.939	1.892	1.842	1.790	1.733	24
2.236	2.165	2.089	2.007	1.964	1.919	1.872	1.822	1.768	1.711	25
2.220	2.148	2.072	1.990	1.946	1.901	1.853	1.803	1.749	1.691	26
2.204	2.132	2.056	1.974	1.930	1.884	1.836	1.785	1.731	1.672	27
2.190	2.118	2.041	1.959	1.915	1.869	1.820	1.769	1.714	1.654	28
2.177	2.104	2.027	1.945	1.901	1.854	1.806	1.754	1.698	1.638	29
2.165	2.092	2.015	1.932	1.887	1.841	1.792	1.740	1.683	1.622	30
2.153	2.080	2.003	1.920	1.875	1.828	1.779	1.726	1.670	1.608	31
2.142	2.070	1.992	1.908	1.864	1.817	1.767	1.714	1.657	1.594	32
2.133	2.060	1.982	1.898	1.853	1.806	1.756	1.702	1.645	1.581	33
2.123	2.050	1.972	1.888	1.843	1.795	1.745	1.691	1.633	1.569	34
2.114	2.041	1.963	1.878	1.833	1.786	1.735	1.681	1.623	1.558	35
2.106	2.033	1.954	1.870	1.824	1.776	1.726	1.671	1.612	1.547	36
2.098	2.025	1.946	1.861	1.816	1.768	1.717	1.662	1.603	1.537	37
2.091	2.017	1.939	1.853	1.808	1.760	1.708	1.653	1.594	1.527	38
2.084	2.010	1.931	1.846	1.800	1.752	1.700	1.645	1.585	1.518	39
2.077	2.003	1.924	1.839	1.793	1.744	1.693	1.637	1.577	1.509	40
2.071	1.997	1.918	1.832	1.786	1.737	1.686	1.630	1.569	1.500	41
2.065	1.991	1.912	1.826	1.780	1.731	1.679	1.623	1.561	1.492	42
2.059	1.985	1.906	1.820	1.773	1.724	1.672	1.616	1.554	1.485	43
2.054	1.980	1.900	1.814	1.767	1.718	1.666	1.609	1.547	1.477	44
2.049	1.974	1.895	1.808	1.762	1.713	1.660	1.603	1.541	1.470	45
2.044	1.969	1.890	1.803	1.756	1.707	1.654	1.597	1.534	1.463	46
2.039	1.965	1.885	1.798	1.751	1.702	1.649	1.591	1.528	1.457	47
2.035	1.960	1.880	1.793	1.746	1.697	1.644	1.586	1.522	1.450	48
2.030	1.956	1.876	1.789	1.742	1.692	1.639	1.581	1.517	1.444	49
2.026	1.952	1.871	1.784	1.737	1.687	1.634	1.576	1.511	1.438	50
1.933	1.917	1.836	1.748	1.700	1.649	1.594	1.534	1.467	1.389	60
1.951	1.875	1.793	1.703	1.654	1.602	1.545	1.482	1.411	1.325	80
1.910	1.834	1.750	1.659	1.608	1.554	1.495	1.429	1.352	1.254	120
1.870	1.793	1.708	1.614	1.563	1.507	1.445	1.375	1.290	1.170	240
1.831	1.752	1.666	1.571	1.517	1.459	1.394	1.318	1.221	1.000	∞

付表(4)- 3　*F* 分布表

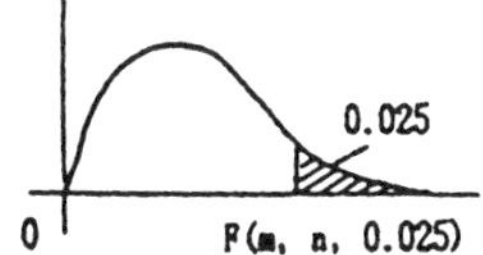

$\alpha=0.025$

n \ m	1	2	3	4	5	6	7	8	9
1	647.789	799.500	864.163	899.583	921.848	987.111	948.217	956.656	963.285
2	38.506	39.000	39.165	39.248	39.298	39.331	39.355	39.373	39.387
3	17.443	16.044	15.439	15.101	14.885	14.735	14.624	14.540	14.473
4	12.218	10.649	9.979	9.605	9.364	9.197	9.074	8.980	8.905
5	10.007	8.434	7.764	7.388	7.146	6.978	6.853	6.757	6.681
6	8.813	7.260	6.599	6.227	5.988	5.820	5.695	5.600	5.523
7	8.073	6.542	5.890	5.523	5.285	5.119	4.995	4.899	4.823
8	7.571	6.059	5.416	5.053	4.817	4.652	4.529	4.433	4.357
9	7.209	5.715	5.078	4.718	4.484	4.320	4.197	4.102	4.026
10	6.937	5.456	4.826	4.468	4.236	4.072	3.950	3.855	3.779
11	6.724	5.256	4.630	4.275	4.044	3.881	3.759	3.664	3.588
12	6.554	5.096	4.474	4.121	3.891	3.728	3.607	3.512	3.436
13	6.414	4.965	4.347	3.996	3.767	3.604	3.483	3.388	3.312
14	6.298	4.857	4.242	3.892	3.663	3.501	3.380	3.285	3.209
15	6.200	4.765	4.153	3.804	3.576	3.415	3.293	3.199	3.123
16	6.115	4.687	4.077	3.729	3.502	3.341	3.219	3.125	3.049
17	6.042	4.619	4.011	3.665	3.438	3.277	3.156	3.061	2.985
18	5.978	4.560	3.954	3.608	3.382	3.221	3.100	3.005	2.929
19	5.922	4.508	3.903	3.559	3.333	3.172	3.051	3.956	2.880
20	5.871	4.461	3.859	3.515	3.289	3.128	3.007	3.913	2.837
21	5.827	4.420	3.819	3.475	3.250	3.090	2.969	2.874	2.798
22	5.786	4.383	3.783	3.440	3.215	3.055	2.934	2.839	2.763
23	5.750	4.349	3.750	3.408	3.183	3.023	2.902	2.808	2.731
24	5.717	4.319	3.721	3.379	3.155	2.995	2.874	2.779	2.703
25	5.686	4.291	3.694	3.353	3.129	2.969	2.848	2.753	2.677
26	5.659	4.265	3.670	3.329	3.105	2.945	2.824	2.729	2.653
27	5.633	4.242	3.647	3.307	3.083	2.923	2.802	2.707	2.631
28	5.610	4.221	3.626	3.286	3.063	2.903	2.782	2.687	2.611
29	5.588	4.201	3.607	3.267	3.044	2.884	2.763	2.669	2.592
30	5.568	4.182	3.589	3.250	3.026	2.867	2.746	2.651	2.575
31	5.549	4.165	3.573	3.234	3.010	2.851	2.730	2.635	2.558
32	5.531	4.149	3.557	3.218	2.995	2.836	2.715	2.620	2.543
33	5.515	4.134	3.543	3.204	2.981	2.822	2.701	2.606	2.529
34	5.499	4.120	3.529	3.191	2.968	2.808	2.688	2.593	2.516
35	5.485	4.106	3.517	3.179	2.956	2.796	2.676	2.581	2.504
36	5.471	4.094	3.505	3.167	2.944	2.785	2.664	2.569	2.492
37	5.458	4.082	3.493	3.156	2.933	2.774	2.653	2.558	2.481
38	5.446	4.071	3.483	3.145	2.923	2.763	2.643	2.548	2.471
39	5.435	4.061	3.473	3.135	2.913	2.754	2.633	2.538	2.461
40	5.424	4.051	3.463	3.126	2.904	2.744	2.624	2.529	2.452
41	5.414	4.042	3.454	3.117	2.895	2.736	2.615	2.520	2.443
42	5.404	4.033	3.446	3.109	2.887	2.727	2.607	2.512	2.435
43	5.395	4.024	3.438	3.101	2.879	2.719	2.599	2.504	2.427
44	5.386	4.016	3.430	3.093	2.871	2.712	2.591	2.496	2.419
45	5.377	4.009	3.422	3.086	2.864	2.705	2.584	2.489	2.412
46	5.369	4.001	3.415	3.079	2.857	2.698	2.577	2.482	2.405
47	5.361	3.994	3.409	3.073	2.851	2.691	2.571	2.476	2.399
48	5.354	3.987	3.402	3.066	2.844	2.685	2.565	2.470	2.393
49	5.347	3.981	3.396	3.060	2.838	2.679	2.559	2.464	2.387
50	5.340	3.975	3.390	3.054	2.833	2.674	2.553	2.458	2.381
60	5.286	3.925	3.343	3.008	2.786	2.627	2.507	2.412	2.334
80	5.218	3.864	3.284	2.950	2.730	2.571	2.450	2.355	2.277
120	5.152	3.805	3.227	2.894	2.674	2.515	2.395	2.299	2.222
240	5.088	3.746	3.171	2.839	2.620	2.461	2.341	2.245	2.167
∞	5.024	3.689	3.116	2.786	2.567	2.408	2.288	2.192	2.114

付表(4)- 4　F 分布表

$\alpha=0.025$

10	12	15	20	24	30	40	60	120	∞	m / n
968.627	976.708	984.867	993.103	997.249	1001.414	1005.598	1009.800	1014.020	1018.258	1
39.398	39.415	39.431	39.448	39.456	39.465	39.473	39.481	39.490	39.498	2
14.419	14.337	14.253	14.167	14.124	14.081	14.037	13.992	13.947	13.902	3
8.844	8.751	8.657	8.560	8.511	8.461	8.411	8.360	8.309	8.257	4
6.619	6.525	6.428	6.329	6.278	6.227	6.175	6.123	6.069	6.015	5
5.461	5.366	5.269	5.168	5.117	5.065	5.012	4.959	4.904	4.849	6
4.761	4.666	4.568	4.467	4.415	4.362	4.309	4.254	4.199	4.142	7
4.295	4.200	4.101	3.999	3.947	3.894	3.840	3.784	3.728	3.670	8
3.964	3.868	3.769	3.667	3.614	3.560	3.505	3.449	3.392	3.333	9
3.717	3.621	3.522	3.419	3.365	3.311	3.255	3.198	3.140	3.080	10
3.526	3.430	3.330	3.226	3.173	3.118	3.061	3.004	2.944	2.883	11
3.374	3.277	3.177	3.073	3.019	2.963	2.906	2.848	2.787	2.725	12
3.250	3.153	3.053	2.948	2.893	2.837	2.780	2.720	2.659	2.595	13
3.147	3.050	2.949	2.844	2.789	2.732	2.674	2.614	2.552	2.487	14
3.060	2.963	2.862	2.756	2.701	2.644	2.585	2.524	2.461	2.395	15
2.986	2.889	2.788	2.681	2.625	2.568	2.509	2.447	2.383	2.316	16
2.922	2.825	2.723	2.616	2.560	2.502	2.442	2.380	2.315	2.247	17
2.866	2.769	2.667	2.559	2.503	2.445	2.384	2.321	2.256	2.187	18
2.817	2.720	2.617	2.509	2.452	2.394	2.333	2.270	2.203	2.133	19
2.774	2.676	2.573	2.464	2.408	2.349	2.287	2.223	2.156	2.085	20
2.735	2.637	2.534	2.425	2.368	2.308	2.246	2.182	2.114	2.042	21
2.700	2.602	2.498	2.389	2.331	2.272	2.210	2.145	2.076	2.003	22
2.668	2.570	2.466	2.357	2.299	2.239	2.176	2.111	2.041	1.968	23
2.640	2.541	2.437	2.327	2.269	2.209	2.146	2.080	2.010	1.935	24
2.613	2.515	2.411	2.300	2.242	2.182	2.118	2.052	1.981	1.906	25
2.590	2.491	2.387	2.276	2.217	2.157	2.093	2.026	1.954	1.878	26
2.568	2.469	2.364	2.253	2.195	2.133	2.069	2.002	1.930	1.853	27
2.547	2.448	2.344	2.232	2.174	2.112	2.048	1.980	1.907	1.829	28
2.529	2.430	2.325	2.213	2.154	2.092	2.028	1.959	1.886	1.807	29
2.511	2.412	2.307	2.195	2.136	2.074	2.009	1.940	1.866	1.787	30
2.495	2.396	2.291	2.178	2.119	2.057	1.991	1.922	1.848	1.768	31
2.480	2.381	2.275	2.163	2.103	2.041	1.975	1.905	1.831	1.750	32
2.466	2.366	2.261	2.148	2.088	2.026	1.960	1.890	1.815	1.733	33
2.453	2.353	2.248	2.135	2.075	2.012	1.946	1.875	1.799	1.717	34
2.440	2.341	2.235	2.122	2.062	1.999	1.932	1.861	1.785	1.702	35
2.429	2.329	2.223	2.110	2.049	1.986	1.919	1.848	1.772	1.687	36
2.418	2.318	2.212	2.098	2.038	1.974	1.907	1.836	1.759	1.674	37
2.407	2.307	2.201	2.088	2.027	1.963	1.896	1.824	1.747	1.661	38
2.397	2.298	2.191	2.077	2.017	1.953	1.885	1.813	1.735	1.649	39
2.388	2.288	2.182	2.068	2.007	1.943	1.875	1.803	1.724	1.637	40
2.379	2.279	2.173	2.059	1.998	1.933	1.866	1.793	1.714	1.626	41
2.371	2.271	2.164	2.050	1.989	1.924	1.856	1.783	1.704	1.615	42
2.363	2.263	2.156	2.042	1.980	1.916	1.848	1.774	1.694	1.605	43
2.355	2.255	2.149	2.034	1.972	1.908	1.839	1.766	1.685	1.596	44
2.348	2.248	2.141	2.026	1.965	1.900	1.831	1.757	1.677	1.586	45
2.341	2.241	2.134	2.019	1.957	1.893	1.824	1.750	1.668	1.578	46
2.335	2.234	2.127	2.012	1.951	1.885	1.816	1.742	1.661	1.569	47
2.329	2.228	2.121	2.006	1.944	1.879	1.809	1.735	1.653	1.561	48
2.323	2.222	2.115	1.999	1.937	1.872	1.803	1.728	1.646	1.553	49
2.317	2.216	2.109	1.993	1.931	1.866	1.796	1.721	1.639	1.545	50
2.270	2.169	2.061	1.944	1.882	1.815	1.744	1.667	1.581	1.482	60
2.213	2.111	2.003	1.884	1.820	1.752	1.679	1.599	1.508	1.400	80
2.157	2.055	1.945	1.825	1.760	1.690	1.614	1.530	1.433	1.310	120
2.102	1.999	1.888	1.766	1.700	1.628	1.549	1.460	1.354	1.206	240
2.048	1.945	1.833	1.708	1.640	1.566	1.484	1.388	1.268	1.000	∞

付表(4)- 5　*F* 分布表

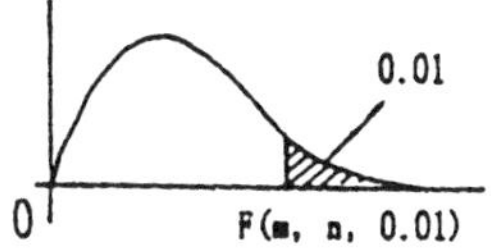

$\alpha=0.01$

n \ m	1	2	3	4	5	6	7	8	9
1	4052.181	4999.500	5403.352	5624.583	5763.650	5858.986	5928.356	5981.070	6022.473
2	98.503	99.000	99.166	99.249	99.299	99.333	99.356	99.374	99.388
3	34.116	30.817	29.457	28.710	28.237	27.911	27.672	27.489	27.345
4	21.198	18.000	16.694	15.977	15.522	15.207	14.976	14.799	14.659
5	16.258	13.274	12.060	11.392	10.967	10.672	10.456	10.289	10.158
6	13.745	10.925	9.780	9.148	8.746	8.466	8.260	8.102	7.976
7	12.246	9.547	8.451	7.847	7.460	7.191	6.993	6.840	6.719
8	11.259	8.649	7.591	7.006	6.632	6.371	6.178	6.027	5.911
9	10.561	8.022	6.992	6.422	6.057	5.802	5.613	5.468	5.351
10	10.044	7.559	6.552	5.994	5.636	5.386	5.200	5.057	4.942
11	9.646	7.206	6.217	5.668	5.316	5.069	4.886	4.744	4.632
12	9.330	6.927	5.953	5.412	5.064	4.821	4.640	4.499	4.388
13	9.074	6.701	5.739	5.205	4.862	4.620	4.441	4.302	4.191
14	8.862	6.515	5.564	5.035	4.695	4.456	4.278	4.140	4.030
15	8.683	6.359	5.417	4.893	4.556	4.318	4.142	4.004	3.895
16	8.535	6.226	5.292	4.773	4.437	4.202	4.026	3.890	3.780
17	8.400	6.112	5.185	4.669	4.336	4.102	3.927	3.791	3.682
18	8.285	6.013	5.092	4.579	4.248	4.015	3.841	3.705	3.597
19	8.185	5.926	5.010	4.500	4.171	3.939	3.765	3.631	3.523
20	8.096	5.849	4.938	4.431	4.103	3.871	3.699	3.564	3.457
21	8.017	5.780	4.874	4.369	4.042	3.812	3.640	3.506	3.398
22	7.945	5.719	4.817	4.313	3.988	3.758	3.587	3.453	3.346
23	7.881	5.664	4.765	4.264	3.939	3.710	3.539	3.406	3.299
24	7.823	5.614	4.718	4.218	3.895	3.667	3.496	3.363	3.256
25	7.770	5.568	4.675	4.177	3.855	3.627	3.457	3.324	3.217
26	7.721	5.526	4.637	4.140	3.818	3.591	3.421	3.288	3.182
27	7.677	5.488	4.601	4.106	3.785	3.558	3.388	3.256	3.149
28	7.636	5.453	4.568	4.074	3.754	3.528	3.358	3.226	3.120
29	7.598	5.420	4.538	4.045	3.725	3.499	3.330	3.198	3.092
30	7.562	5.390	4.510	4.018	3.699	3.473	3.304	3.173	3.067
31	7.530	5.362	4.484	3.993	3.675	3.449	3.281	3.149	3.043
32	7.499	5.336	4.459	3.969	3.652	3.427	3.258	3.127	3.021
33	7.471	5.312	4.437	3.948	3.630	3.406	3.238	3.106	3.000
34	7.444	5.289	4.416	3.927	3.611	3.386	3.218	3.087	2.981
35	7.419	5.268	4.396	3.908	3.592	3.368	3.200	3.069	2.963
36	7.396	5.248	4.377	3.890	3.574	3.351	3.183	3.052	2.946
37	7.373	5.229	4.360	3.873	3.558	3.334	3.167	3.036	2.930
38	7.353	5.211	4.343	3.858	3.542	3.319	3.152	3.021	2.915
39	7.333	5.194	4.327	3.843	3.528	3.305	3.137	3.006	2.901
40	7.314	5.179	4.313	3.828	3.514	3.291	3.124	2.993	2.888
41	7.296	5.163	4.299	3.815	3.501	3.278	3.111	2.980	2.875
42	7.280	5.149	4.285	3.802	3.488	3.266	3.099	2.968	2.863
43	7.264	5.136	4.273	3.790	3.476	3.254	3.087	2.957	2.851
44	7.248	5.123	4.261	3.778	3.465	3.243	3.076	2.946	2.840
45	7.234	5.110	4.249	3.767	3.454	3.232	3.066	2.935	2.830
46	7.220	5.099	4.238	3.757	3.444	3.222	3.056	2.925	2.820
47	7.207	5.087	4.228	3.747	3.434	3.213	3.046	2.916	2.811
48	7.194	5.077	4.218	3.737	3.425	3.204	3.037	2.907	2.802
49	7.182	5.066	4.208	3.728	3.416	3.195	3.028	2.898	2.793
50	7.171	5.057	4.199	3.720	3.408	3.186	3.020	2.890	2.785
60	7.077	4.977	4.126	3.649	3.339	3.119	2.953	2.823	2.718
80	6.963	4.881	4.036	3.563	3.255	3.036	2.871	2.742	2.637
120	6.851	4.787	3.949	3.480	3.174	2.956	2.792	2.663	2.559
240	6.742	4.695	3.864	3.398	3.094	2.878	2.714	2.586	2.482
∞	6.635	4.605	3.782	3.319	3.017	2.802	2.639	2.511	2.407

付　録

付表(4)- 6　*F* 分布表

$\alpha=0.01$

10	12	15	20	24	30	40	60	120	∞	m / n
6055.847	6106.321	6157.285	6208.730	6234.631	6260.649	6286.782	6313.030	6339.391	6365.864	1
99.399	99.416	99.433	99.449	99.458	99.466	99.474	99.482	99.491	99.499	2
27.229	27.052	26.872	26.690	26.598	26.505	26.411	26.316	26.221	26.125	3
14.546	14.374	14.198	14.020	13.929	13.838	13.745	13.652	13.558	13.463	4
10.051	9.888	9.722	9.553	9.466	9.379	9.291	9.202	9.112	9.020	5
7.874	7.718	7.559	7.396	7.313	7.229	7.143	7.057	6.969	6.880	6
6.620	6.469	6.314	6.155	6.074	5.992	5.908	5.824	5.737	5.650	7
5.814	5.667	5.515	5.359	5.279	5.198	5.116	5.032	4.946	4.859	8
5.257	5.111	4.962	4.808	4.729	4.649	4.567	4.483	4.398	4.311	9
4.849	4.706	4.558	4.405	4.327	4.247	4.165	4.082	3.996	3.909	10
4.539	4.397	4.251	4.099	4.021	3.941	3.860	3.776	3.690	3.602	11
4.296	4.155	4.010	3.858	3.780	3.701	3.619	3.535	3.449	3.361	12
4.100	3.960	3.815	3.665	3.587	3.507	3.425	3.341	3.255	3.165	13
3.939	3.800	3.656	3.505	3.427	3.348	3.266	3.181	3.094	3.004	14
3.805	3.666	3.522	3.372	3.294	3.214	3.132	3.047	2.959	2.868	15
3.691	3.553	3.409	3.259	3.181	3.101	3.018	2.933	2.845	2.753	16
3.593	3.455	3.312	3.162	3.084	3.003	2.920	2.835	2.746	2.653	17
3.508	3.371	3.227	3.077	2.999	2.919	2.835	2.749	2.660	2.566	18
3.434	3.297	3.153	3.003	2.925	2.844	2.761	2.674	2.584	2.489	19
3.368	3.231	3.088	2.938	2.859	2.778	2.695	2.608	2.517	2.421	20
3.310	3.173	3.030	2.880	2.801	2.720	2.636	2.548	2.457	2.360	21
3.258	3.121	2.978	2.827	2.749	2.667	2.583	2.495	2.403	2.305	22
3.211	3.074	2.931	2.781	2.702	2.620	2.535	2.447	2.354	2.256	23
3.168	3.032	2.889	2.738	2.659	2.577	2.492	2.403	2.310	2.211	24
3.129	2.993	2.850	2.699	2.620	2.538	2.453	2.364	2.270	2.169	25
3.094	2.958	2.815	2.664	2.585	2.503	2.417	2.327	2.233	2.131	26
3.062	2.926	2.783	2.632	2.552	2.470	2.384	2.294	2.198	2.097	27
3.032	2.896	2.753	2.602	2.522	2.440	2.354	2.263	2.167	2.064	28
3.005	2.868	2.726	2.574	2.495	2.412	2.325	2.234	2.138	2.034	29
2.979	2.843	2.700	2.549	2.469	2.386	2.299	2.208	2.111	2.006	30
2.955	2.820	2.677	2.525	2.445	2.362	2.275	2.183	2.086	1.980	31
2.934	2.798	2.655	2.503	2.423	2.340	2.252	2.160	2.062	1.956	32
2.913	2.777	2.634	2.482	2.402	2.319	2.231	2.139	2.040	1.933	33
2.894	2.758	2.615	2.463	2.383	2.299	2.211	2.118	2.019	1.911	34
2.876	2.740	2.597	2.445	2.364	2.281	2.193	2.099	2.000	1.891	35
2.859	2.723	2.580	2.428	2.347	2.263	2.175	2.082	1.981	1.872	36
2.843	2.707	2.564	2.412	2.331	2.247	2.159	2.065	1.964	1.854	37
2.828	2.692	2.549	2.397	2.316	2.232	2.143	2.049	1.947	1.837	38
2.814	2.678	2.535	2.382	2.302	2.217	2.128	2.034	1.932	1.820	39
2.801	2.665	2.522	2.369	2.288	2.203	2.114	2.019	1.917	1.805	40
2.788	2.652	2.509	2.356	2.275	2.190	2.101	2.006	1.903	1.790	41
2.776	2.640	2.497	2.344	2.263	2.178	2.088	1.993	1.890	1.776	42
2.764	2.629	2.485	2.332	2.251	2.166	2.076	1.981	1.877	1.762	43
2.754	2.618	2.475	2.321	2.240	2.155	2.065	1.969	1.865	1.750	44
2.743	2.608	2.464	2.311	2.230	2.144	2.054	1.958	1.853	1.737	45
2.733	2.598	2.454	2.301	2.220	2.134	2.044	1.947	1.842	1.726	46
2.724	2.588	2.445	2.291	2.210	2.124	2.034	1.937	1.832	1.714	47
2.715	2.579	2.436	2.282	2.201	2.115	2.024	1.927	1.822	1.704	48
2.706	2.571	2.427	2.274	2.192	2.106	2.015	1.918	1.812	1.693	49
2.698	2.562	2.419	2.265	2.183	2.098	2.007	1.909	1.803	1.683	50
2.632	2.496	2.352	2.198	2.115	2.028	1.936	1.836	1.726	1.601	60
2.551	2.415	2.271	2.115	2.032	1.944	1.849	1.746	1.630	1.494	80
2.472	2.336	2.192	2.035	1.950	1.860	1.763	1.656	1.533	1.381	120
2.395	2.260	2.114	1.956	1.870	1.778	1.677	1.565	1.432	1.250	240
2.321	2.185	2.039	1.878	1.791	1.696	1.592	1.473	1.325	1.000	∞

付録(5)―1　マン・ホイットニーの U の検定(1) 小標本($n_2=1〜8$)の U の出現確率表

$n_2=3$

U \ n_1	1	2	3
0	.250	.100	.050
1	.500	.200	.100
2	.750	.400	.200
3		.600	.350
4			.500
5			.650

$n_2=4$

U \ n_1	1	2	3	4
0	.200	.067	.028	.014
1	.400	.133	.057	.029
2	.600	.267	.114	.057
3		.400	.200	.400
4		.600	.314	.171
5			.429	.243
6			.571	.343
7				.443
8				.557

$n_2=5$

U \ n_1	1	2	3	4	5
0	.167	.047	.018	.008	.004
1	.333	.095	.036	.016	.008
2	.500	.190	.071	.032	.016
3	.667	.486	.125	.056	.028
4		.429	.196	.095	.048
5		.571	.286	.143	.075
6			.393	.206	.111
7			.500	.178	.155
8			.607	.365	.210
9				.452	.274
10				.548	.345
11					.421
12					.500
13					.579

$n_2=6$

U \ n_1	1	2	3	4	5	6
0	.143	.036	.012	.005	.002	.001
1	.286	.071	.024	.010	.004	.002
2	.428	.143	.048	.019	.009	.004
3	.571	.214	.083	.033	.015	.008
4		.321	.131	.057	.026	.013
5		.429	.190	.086	.041	.021
6		.571	.274	.129	.063	.032
7			.357	.176	.089	.047
8			.452	.238	.123	.066
9			.548	.305	.165	.090
10				.381	.214	.120
11				.457	.268	.155
12				.545	.331	.197
13					.396	.242
14					.465	.294
15					.535	.350
16						.409
17						.469
18						.531

付　録

$n_2=7$

n_1 / U	1	2	3	4	5	6	7
0	.125	.028	.008	.003	.001	.001	.000
1	.250	.056	.017	.006	.003	.001	.001
2	.375	.111	.033	.012	.005	.002	.001
3	.500	.167	.058	.021	.009	.004	.002
4	.625	.250	.092	.036	.015	.007	.003
5		.333	.133	.055	.024	.011	.006
6		.444	.192	.082	.037	.017	.009
7		.556	.258	.115	.053	.026	.013
8			.333	.158	.074	.037	.019
9			.417	.206	.101	.051	.027
10			.500	.264	.134	.069	.036
11			.583	.324	.172	.090	.049
12				.394	.216	.117	.064
13				.464	.265	.147	.082
14				.538	.319	.183	.104
15					.378	.223	.130
16					.438	.267	.159
17					.500	.314	.191
18					.562	.365	.228
19						.418	.267
20						.473	.310
21						.527	.355
22							.402
23							.451
24							.500
25							.549

$n_2=8$

n_1 / U	1	2	3	4	5	6	7	8	T	正規分布の値
0	.111	.022	.006	.002	.001	.000	.000	.000	3,308	.001
1	.222	.044	.012	.004	.002	.001	.000	.000	3,203	.001
2	.333	.089	.024	.008	.003	.001	.001	.000	3,098	.001
3	.444	.133	.042	.014	.005	.002	.001	.001	2,993	.001
4	.556	.200	.067	.024	.009	.004	.002	.001	2,888	.002
5		.267	.097	.036	.015	.006	.003	.001	2,783	.003
6		.356	.139	.055	.023	.010	.005	.002	2,678	.004
7		.444	.188	.077	.033	.015	.007	.003	2,573	.005
8		.556	.248	.107	.047	.021	.010	.005	2,468	.007
9			.315	.141	.064	.030	.014	.007	2,363	.009
10			.387	.184	.085	.041	.020	.010	2,258	.012
11			.461	.230	.111	.054	.027	.014	2,153	.016
12			.539	.285	.142	.071	.036	.019	2,048	.020
13				.341	.177	.091	.047	.025	1,943	.026
14				.404	.217	.114	.060	.032	1,838	.033
15				.467	.262	.141	.076	.041	1,733	.041
16				.533	.311	.172	.095	.052	1,628	.052
17					.362	.207	.116	.065	1,523	.064
18					.416	.245	.140	.080	1,418	.078
19					.472	.286	.168	.097	1,313	.094
20					.528	.331	.198	.117	1,208	.113
21						.377	.232	.139	1,102	.135
22						.426	.268	.164	.998	.159
23						.475	.306	.191	.893	.185
24						.525	.347	.221	.788	.215
25							.389	.253	.683	.247
26							.433	.287	.578	.282
27							.478	.323	.473	.318
28							.522	.360	.368	.356
29								.399	.263	.396
30								.439	.158	.437
31								.480	.052	.481
32								.520		

付表(5)— 2

・マン・ホイットニーの U の検定
標本数 n_2＝9 以上の U の出現確率表

(1) 片側検定の有意水準１％の場合

n_2 \ n_1	9	10	11	12	13	14	15	16	17	18	19	20
1												
2					0	0	0	0	0	0	1	1
3	1	1	1	2	2	2	3	3	4	4	4	5
4	3	3	4	5	5	6	7	7	8	9	9	10
5	5	6	7	8	9	10	11	12	13	14	15	16
6	7	8	9	11	12	13	15	16	18	19	20	22
7	9	11	12	14	16	17	19	21	23	24	26	28
8	11	13	15	17	20	22	24	26	28	30	32	34
9	14	16	18	21	23	26	28	31	33	36	38	40
10	16	19	22	24	27	30	33	36	38	41	44	47
11	18	22	25	28	31	34	37	41	44	47	50	53
12	21	24	28	31	35	38	42	46	49	53	56	60
13	23	27	31	35	39	43	47	51	55	59	63	67
14	26	30	34	38	43	47	51	56	60	65	69	73
15	28	33	37	42	47	51	56	61	66	70	75	80
16	31	36	41	46	51	56	61	66	71	76	82	87
17	33	38	44	49	55	60	66	71	77	82	88	93
18	36	41	47	53	59	65	70	76	82	88	94	100
19	38	44	50	56	63	69	75	82	88	94	101	107
20	40	47	53	60	67	73	80	87	93	100	107	114

付　録

(2)　片側検定の有意水準１％の場合

n_2 \ n_1	9	10	11	12	13	14	15	16	17	18	19	20
1												
2												
3									0	0	0	0
4		0	0	0	1	1	1	2	2	3	3	3
5	1	1	2	2	3	3	4	5	5	6	7	7
6	2	3	4	4	5	6	7	8	9	10	11	12
7	3	5	6	7	8	9	10	11	13	14	15	16
8	5	6	*a*	9	11	12	14	15	17	18	20	21
9	7	8	10	12	14	15	17	19	21	23	25	26
10	8	10	12	14	17	19	21	23	25	27	29	32
11	10	12	15	17	20	22	24	27	29	32	34	37
12	12	14	17	20	23	25	28	31	34	37	40	42
13	14	17	20	23	26	29	32	35	38	42	45	48
14	15	19	22	25	29	32	36	39	43	46	50	54
15	17	21	24	28	32	36	40	43	47	51	55	59
16	19	23	27	31	35	39	43	48	52	56	60	65
17	21	25	29	34	38	43	47	52	57	61	66	70
18	23	27	32	37	42	46	51	56	61	66	71	76
19	25	29	34	40	45	50	55	60	66	71	77	82
20	26	32	37	42	48	54	59	65	70	76	82	88

標本数 $n_1=9$ 以上の U の出現確率数

(3)　片側検定の有意水準2.5％の場合

n_2 ＼ n_1	9	10	11	12	13	14	15	16	17	18	19	20
1												
2	0	0	0	1	1	1	1	1	2	2	2	2
3	2	3	3	4	4	5	5	6	6	7	7	8
4	4	5	6	7	8	9	10	11	11	12	13	13
5	7	8	9	11	12	13	14	15	17	18	19	20
6	10	11	13	14	16	17	18	21	22	24	25	27
7	12	14	16	18	20	22	24	26	28	30	32	34
8	15	17	19	22	24	26	29	31	34	36	38	41
9	17	20	23	26	28	31	34	37	39	42	45	48
10	20	23	26	29	33	36	39	42	45	48	52	55
11	23	26	30	33	37	40	44	47	51	55	58	62
12	26	29	33	37	41	45	49	53	57	61	65	69
13	28	33	37	41	45	50	54	59	63	67	72	76
14	31	36	40	45	50	55	59	64	67	74	78	83
15	34	39	44	49	54	59	64	70	75	80	85	90
16	37	42	47	53	59	64	70	75	81	86	92	98
17	39	45	51	57	63	67	75	81	87	93	99	105
18	42	48	55	61	67	74	80	86	93	99	106	112
19	45	52	58	65	72	78	85	92	99	106	113	119
20	48	55	62	69	76	83	90	98	105	112	119	127

(4)　片側検定の有意水準１％の場合

n_2 \ n_1	9	10	11	12	13	14	15	16	17	18	19	20
1											0	0
2	1	1	1	2	2	2	3	3	3	4	4	4
3	3	4	5	5	6	7	7	8	9	9	10	11
4	6	7	8	9	10	11	12	14	15	16	17	18
5	9	11	12	13	15	16	18	19	20	22	23	25
6	12	14	16	17	19	21	23	25	26	28	30	32
7	15	17	19	21	24	26	28	30	33	35	37	39
8	18	20	23	26	28	31	33	36	39	41	44	47
9	21	24	27	30	33	36	39	42	45	48	51	54
10	24	27	31	34	37	41	44	48	51	55	58	62
11	27	31	34	38	42	46	50	54	57	61	65	69
12	30	34	38	42	47	51	55	60	64	68	72	77
13	33	37	42	47	51	56	61	65	70	75	80	84
14	36	41	46	51	56	61	66	71	77	82	87	92
15	39	44	50	55	61	66	72	77	83	88	94	100
16	42	48	54	60	65	71	77	83	89	95	101	107
17	45	51	57	64	70	77	83	89	96	102	109	115
18	48	55	61	68	75	82	88	95	102	109	116	123
19	51	58	65	72	80	87	94	101	109	116	123	130
20	54	62	69	77	84	92	100	107	115	123	130	138

付表(6)　ウィルコクソンのサインランク表

α / n	片側検定の有意水準	
	0.05	0.01
6	2	-
7	3	0
8	5	1
9	8	3
10	10	5
11	13	7
12	17	9
13	21	12
14	25	15
15	30	19
16	35	23
17	41	27
18	47	32
19	53	37
20	60	43
21	67	49
22	75	55
23	83	62
24	91	69
25	100	76

〈MEMO〉

〈MEMO〉

〈MEMO〉

著者紹介：

菅　民郎（かん・たみお）

1966　東京理科大学理学部応用数学科卒業。

2005　ビジネスブレークスルー大学院名誉教授

2009　中央大学理工学研究科にて理学博士取得

2012　市場調査・統計解析・予測分析・セミナーを行う会社として、
株式会アイスタットを設立（現在、代表取締役会長）
日本統計学会に所属

■著書

- すべてがわかるアンケートデータの分析 • ホントにやさしい多変量統計分析 • 初心者がらくらく読める多変量解析の実践_上下巻 • 質的データの判別分析　数量化２類　（現代数学社）
- すぐに使える統計学　（ソフトバンク）
- 『Excel で学ぶ統計解析入門』•『Excel で学ぶ多変量解析入門』•『Excel で学ぶ統計的予測』•『Excel で学ぶ実験計画法』• アンケート分析入門 • 例題と Excel 演習で学ぶ多変量解析／回帰分析、判別分析、コンジョイント分析編 • 例題と Excel 演習で学ぶ多変量解析／生存時間解析、ロジスティック回帰、時系列分析編 • 例題と Excel 演習で学ぶ多変量解析／因子分析、コレスポンデンス、クラスター分析編　（オーム社）

新装版　初めて学ぶ統計学

2020 年 2 月 20 日　　新装版　1 刷発行

検印省略

著　者　　菅　民郎
発行者　　富田　淳
発行所　　株式会社　現代数学社
〒 606-8425 京都市左京区鹿ヶ谷西寺ノ前町 1
TEL 075（751）0727　FAX 075（744）0906
https://www.gensu.co.jp/

装　　幀　　中西真一（株式会社 CANVAS）
印刷・製本　　亜細亜印刷株式会社

ISBN978-4-7687-0527-8

© Tamio Kan, 2020
Printed in Japan

● 落丁・乱丁は送料小社負担でお取替え致します.
● 本書のコピー、スキャン、デジタル化等の無断複製は著作権法上での例外を除き禁じられています。本書を代行業者等の第三者に依頼してスキャンやデジタル化することは、たとえ個人や家庭内での利用であっても一切認められておりません。